动物家族

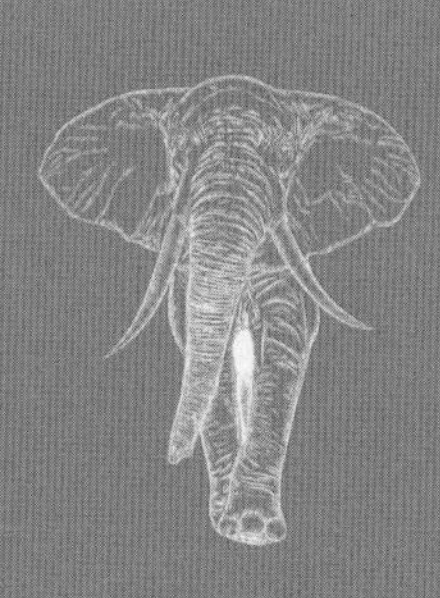

少年科学家通识丛书

《少年科学家通识丛书》
编委会 编

中国大百科全书出版社

图书在版编目（CIP）数据

动物家族 /《少年科学家通识丛书》编委会编 .—北京：中国大百科全书出版社，2023.7

（少年科学家通识丛书）

ISBN 978-7-5202-1379-0

Ⅰ. ①动… Ⅱ. ①少… Ⅲ. ①动物—少年读物 Ⅳ. ① Q95-49

中国国家版本馆 CIP 数据核字 (2023) 第 124862 号

出 版 人：刘祚臣
责任编辑：裴菲菲
封面设计：魏　魏
责任印制：邹景峰
出　　版：中国大百科全书出版社
地　　址：北京市西城区阜成门北大街 17 号
网　　址：http://www.ecph.com.cn
电　　话：010-88390718
图文制作：北京杰瑞腾达科技发展有限公司
印　　刷：小森印刷（北京）有限公司
字　　数：90 千字
印　　张：7
开　　本：710 毫米 ×1000 毫米　1/16
版　　次：2023 年 7 月第 1 版
印　　次：2023 年 7 月第 1 次印刷
书　　号：978-7-5202-1379-0
定　　价：28.00 元

我们为什么要学科学

世界日新月异，科学从未停下发展的脚步。智能手机、新能源汽车、人工智能机器人……新事物层出不穷。科学既是探索未知世界的一个窗口，又是一种理性的思维方式。

为什么要学习科学？它能为青少年的成长带来哪些好处呢？

首先，学习科学可以让青少年获得认知世界的能力。其次，学习科学可以让青少年掌握解决问题的方法。第三，学习科学可以提升青少年的辩证思维能力。第四，学习科学可以让青少年保持好奇心。

中华民族处在伟大复兴的关键时期，恰逢世界处于百年未有之大变局。少年强则国强。加强青少年科学教育，是对未来最好的投资。《少年科学家通识丛书》是一套基于《中国大百科全书》编写的原创青少年科学教育读物。丛书内容涵盖科技史、天文、地理、生物等领域，与学习、生活密切相关，将科学方法、科学思想和科学精神融会于基础科学知识之中，旨在为青少年打开科学之窗，帮助青少年拓展眼界、开阔思维，提升他们的科学素养和探索精神。

《少年科学家通识丛书》编委会

2023 年 6 月

目录

第一章 “潜能无限”——哺乳动物

第二章 “移动空间”——爬行动物

第一章

『潜能无限』——哺乳动物

食肉动物

浣熊

体型较小，尾长为体长的一半；臼齿 2/2，上臼齿阔度较长度为大。体长 65 ～ 75 厘米，尾长 25 厘米；成年浣熊的体重差别大，为 2 ～ 14 千克，通常为 3.5 ～ 9 千克；全身毛色为灰棕色混杂，面部有黑色眼斑；尾部有多条黑白相间的环纹；裂齿和臼齿的形状与熊类相似。取食各种果、菜、鱼、蛙、鼠、小鸟和昆虫等。白天蜷伏窝内，夜间出来觅食。喜在溪边、河谷的近水处捕食鱼、虾和昆虫；亦喜上树，以树

浣熊

洞为窝。妊娠期65～70天，春季产仔，每胎4～5仔。在北方寒冷地区，有冬眠习惯。

大熊猫

因体型较大，外形似熊，头较圆像猫得名；又因其毛色黑白相间，主要栖息于竹林中，俗称花熊或竹熊，古籍上记载的貘、貊、貔、貅等均指此兽。大熊猫体长1.2～1.8米，体重50～130千克，人工饲养条件下，最大个体体长可达1.8米，体重可达180千克；体毛以白色为主，四肢与肩胛部有连片的黑色毛区，眼区有形似眼镜的黑斑，耳、鼻端和尾端也皆为黑色。

大熊猫是一个孑遗物种。曾有活化石之称。古生物学研究认为，它起源于更新世早期，在更新世中期最繁盛。化石遍及中国秦岭和长江以南诸省，在陕西北部、山西、北京等地有零星发现。现代大熊猫的典型栖息环境特点是山高、谷深、树高、竹密。茂密的竹林既是它们的食料基地，又是藏身和繁育后代的场所。大熊猫虽属食肉兽，却喜素食。调查表明：它们取食的植物有 50 多种，偶尔也吃动物，但主要食物为少数几种细小的箭竹类植物，尤喜吃这些竹类的笋和较青嫩的茎、叶。虎、豹等天敌无法钻进茂密的箭竹丛追猎，而大熊猫却能在竹林中穿行自如，偶遇豺群围袭，还能迅速爬上竹林中高大的乔木，隐身于枝杈间，其黑白花纹还可起到保护色作用。大熊猫在形态构造上，以及生态和生理上都有不少适应这种独特生存环境的特点。譬如，裂齿退化，臼齿咀嚼面变宽，适于压咬和嚼碎竹枝；竹类较难消化，而且大熊猫的消化器官同所有食肉兽一样，肠道短，盲肠不发达，咀嚼和消化食物都比较粗糙，因此它们每日食量很大，取食频繁。它们在竹丛中穿行时，常边走边吃边排泄，在栖息地几乎到处可见到一团团长 10 ～ 15 厘米，直径 5 ～ 7 厘米，长圆形，两端稍尖，由一段段碎竹片构成的粪便。

大熊猫既怕酷热，又畏严寒，冬季不蛰眠，一年四季活动，有随气温变化进行垂直迁移的习性。夏秋季节多在中山带以上活动，而在冬春时节则向低山区积雪较少的向阳山坡或溪边转移。常到河溪边喝水，饮水量很大，冬春季节常把

肚子喝得很胀而行动蹒跚。大熊猫性温驯，不怕人，行动缓慢，能泅水，善爬树，有剥树皮行为。野生大熊猫多在春末夏初发情交配，此时可听到它们特有的低沉的求偶叫声。每年 8 ～ 9 月产仔，每胎产 1 ～ 2 仔。初生幼仔很小，仅 100 克左右，不睁眼，体裸露无毛。幼兽生长发育较慢，半年后始能独立取食。6 ～ 8 岁性成熟，由于发情期持续时间短，多数只有 10 天左右，常因雌雄发情不同步而不能配育。野生状态下寿命为 15 ～ 20 岁，但圈养大熊猫最长的寿命记录超过了 30 岁。中国将大熊猫列为国家一级重点保护动物。

马来熊

体长 100 ～ 140 厘米，体重 25 ～ 65 千克。体胖颈短，头部短圆，眼小耳小，鼻、唇裸露无毛，尾约与耳等长，趾

马来熊

基部有短蹼。全身短毛，乌黑光滑；鼻与唇周为棕黄色，眼圈灰褐色；胸部有一棕黄色块斑；两肩有对称的毛旋。栖息于热带、亚热带雨林和季雨林中。

黑熊

在熊类中属中型，体长116～175厘米，肩高75厘米，尾长7.5～10厘米，体重60～240千克。体呈亮黑色，故名；颈下胸前有一条月牙状的白纹，故有月熊之称；头宽，吻短，眼睛较小，耳壳大圆，嗅觉、听觉灵敏，与狗相似，故有狗熊、狗驼子之称。视力

黑熊

较差，被称为黑瞎子；前爪稍长于后爪。为林栖动物，主要栖息于阔叶和针阔混交林中，南方的热带雨林和东北的柞树林也有栖息。最高栖息地可达海拔 4000 米左右的山地寒温带针叶林。杂食性，以植物为主，也吃鱼蛙、鸟卵等，喜欢挖蚂蚁窝和掏蜂巢。发情交配在 6 ～ 7 月，妊娠期 6 ～ 7 个月，每胎产 2 仔，也有 1 或 3 仔者。平时性情温顺，但为自卫或保卫幼仔有时会变得勇猛。黑熊为观赏动物。由于森林面积的缩小或消失，许多地方的黑熊已绝迹。

狼

外形和狼狗相似，但吻略尖长，口稍宽阔，耳竖立不曲，尾挺直状下垂，毛色棕灰。中国北方的狼体长 1 ～ 1.5 米。分

狼

布于欧亚大陆和北美洲。栖息范围广，适应性强，凡山地、林区、草原、荒漠、半荒漠以至冻原均有狼群生存。中国除台湾、海南岛以外，其他各省区均有野生狼生存。狼既耐热，又不畏严寒。喜夜间活动，嗅觉敏锐、听觉良好。性残忍而机警，极善奔跑，常采用穷追方式获得猎物。杂食性，主要以鹿类、羚羊、兔等为食，有时亦吃昆虫、野果或盗食猪、羊等。能耐饥，亦可盛饱。在冬季，北方的狼可集成大群，猎杀大型动物，扑食病弱个体。客观上对维持生态平衡有一定作用。每年 1 ～ 2 月交配，常发出凄厉长嚎，以吸引异性。妊娠期约 2 个月，每胎产 5 ～ 10 仔。繁殖期间雌雄同居，共同抚养幼仔。

赤狐

体型中等、细长，体长 50 ～ 80 厘米，体重 3.6 ～ 7 千克。吻尖，耳大；尾长略超过体长之半；足掌生有浓密短毛；具尾腺，能施放奇特臭味，称“狐臊”；毛色因季节和地区不同而有较大变异，一般背面棕灰或棕红色，腹部白色或黄白色，尾尖白色，耳背面黑色或黑褐色，四肢外侧黑色条纹延伸至足面。

赤狐栖息于各种生境，居于土洞、树洞、石隙或其他动物废弃的旧洞穴内。性多疑，行动敏捷，听觉灵敏。夜间活动，天亮回洞抱尾而卧。如果隐蔽条件较好，白天也在洞穴附近活动。捕食各种鼠类、野禽、鸟卵、昆虫等，也吃浆

赤狐

果、鼬科动物等，偶尔盗食家禽。每年 1 ～ 2 月交配，雄狐为争雌狐而有激烈的争斗。妊娠期约 2 个月，雄雌共同抚育幼狐，秋后幼狐即能独立生活，寿命 13 ～ 14 年，最长可达 15 年。

赤狐是控制害鼠数量的重要犬科动物，在自然生态系统中起着重要的作用，应予保护，禁止乱捕。

豺

豺

体型比狼小而大于赤狐，下颌每侧具 2 个臼齿，体长 88 ～ 113 厘米，尾长 40 ～ 50 厘米，尾毛长而密，呈棕黑色，类似狐尾。栖居于从针叶林到热带雨林的丘陵山地的广泛生境。群居，经常组成 3 ～ 4 只的小群，或数十只的大群一同出没。听觉和嗅觉极发达，行动快速而诡秘。稍有异常情况立即逃避，即便有经验的猎人也不易发现其行踪。豺以群体围捕的方式猎食。食物主要是鹿、麂、麝、山羊等有蹄类动物，有时也袭击水牛。性凶猛，胆大，凡与之遭遇的大小动物无不畏惧。繁殖力强，雌豺妊娠期约60天，冬季产仔，每胎2～6仔。

貂

体型细长，四肢短。体长40～56厘米，尾长15～17厘米，体重1～1.5千克，个别可达2千克；尾短而蓬松；全身毛皮褐黑色，唯独喉部具橙黄色斑。紫貂是寒带针叶林区的典型种。紫貂皮毛绒丰厚，毛被长短适中，针毛柔滑，富有弹性，绒毛细密而有光泽。

貂

貂类的形态特点是喉部毛色比体色浅，欧洲松貂和石貂的喉部为白色，黄喉貂与紫貂相同。

中国产有3种貂：紫貂、石貂、黄喉貂。貂类栖居于北方针叶林、针阔混交林和阔叶林中。喜上树攀爬，在地面跳跃亦极灵巧。肉食性，嗜咬杀。主要以鼠类为食，亦捕食兔、小鸟、蛙、鱼等，甚至上树捕捉松鼠，咬食鸟卵。秋天也吃坚果和浆果。体型较大的貂类（如黄喉貂）还能捕食幼鹿、麂等有蹄动物。筑巢在石堆内、树洞中或树根下。白天卧伏巢内休息，主要活动时间在拂晓，并延续至清晨。单独活动。繁殖期间雌雄成对。秋季交配，春天产仔，每胎2～3仔。貂类是农林地区鼠类的天敌。数量稀少，分布区缩小。

虎

世界上现存体型最大的猫科动物。毛色浅黄色或棕黄色，伴有黑色横纹。头圆，耳短，耳背面黑色，中央有一显著白斑。四肢健壮有力。尾粗长，具黑色环纹，尾端黑色。

独居的大型食肉动物，在野外偏爱捕食大型和中型有蹄类动物。能很好地适应南方的热带雨林、常绿阔叶林，北方的落叶阔叶林和针阔叶混交林，是典型的山地林栖动物。在中国东北地区也常出没于山脊、矮林灌丛和岩石较多的区域或砾石塘等。对其猎物种群的数量没有或仅有少量不利影响。

一年四季都可以交配，但从11月到次年4月较常见。雌性的动情期只有几天，并在此期间频繁交配，怀孕期为15～16周，每窝产3～4仔。

东北虎

华南虎

狮

体型、大小、重量均与虎相似。雄狮的头侧、颈部直至肩部有黑或深褐色长鬣毛；产于亚洲的狮毛色较淡，鬣毛较短。狮的尾端有一球状毛簇，毛簇中间有一个坚硬的角质物。幼狮无鬣毛，身上长有灰色斑点，背部中央有一条白色花纹，半岁后斑点和白色花纹逐渐消失。栖息在热带的草原和荒漠，喜居于靠近水源的地方。群居，由一只雄狮、数只雌狮和若干幼狮组成多偶家族。每群有一定的活动领域。白天在丛林间隐蔽休息，晨昏和夜晚常几只或成群出动进行围猎。以各种羚羊、斑马和疣猪等为食，偶尔捕食长颈鹿。亚洲狮喜食野猪。狮的听觉、嗅觉灵敏，动作灵活，跳跃力强，能爬树，但不善于长跑。繁殖力强，几乎每年都产仔，每胎 2 ～ 5 仔。

狮子

幼狮 2 ～ 3 年后性成熟，成年的雄狮多离群营独立生活。寿命约 20 年。狮外貌威武雄壮，有“兽中之王”的称号，是动物园中著名的观赏动物。易驯养，马戏团多用来表演技艺。

豹

豹

体型似虎，体长 1 ～ 1.5 米，体重约 50 千克，最重可达 100 千克；尾长近 1 米；全身橙黄色或黄色，其上布满黑点和黑色斑纹。雌雄毛色一致。栖息于山地、丘陵、荒漠和草原，尤喜茂密的树林或大森林。无固定巢穴。单独活动。白日伏在树上，或卧在草丛中，或在悬崖的石洞中休息，夜晚出来游荡。动作灵活，善于攀树和跳跃，胆量也大，敢于和虎同栖于一个领域，能攻击体型较大的雄鹿或凶猛的野猪等。主要猎食中、小型有蹄类动物，如麂、狍、麝、羊等，也吃小型肉食动物，如狸、鼬等，偶尔捕食鸟和鱼。冬春发情，妊娠期 3 个月，春夏季产仔，每胎 2 ～ 3 仔，幼仔 12 ～ 18 个月后即离开亲兽。寿命 10 ～ 20 年。

美洲豹

体型、大小及毛皮色彩均似豹，略比豹肥壮，体重55～115千克，体长1～1.5米；尾长0.5～0.75米，肩高0.7米；毛黄色且布满黑色斑纹和斑点，形状与豹几乎相同，但美洲豹身上的黑色环纹稍大一些，环纹中间有1～2个黑斑点，这与豹有显著差别。栖息于密林、草丛、荒原、沼泽或沙漠的边缘。平时独栖，凶猛残暴，动作灵活，嗅觉和听觉较敏锐，善游泳，会爬树，白天隐匿在树干上，黄昏或夜晚出来觅食，活动区域相当大。捕食鹿、貘、野猪、猴等，也吃各种鸟类，还能在浅河中捕鱼，有时也袭击家畜。每年1月份交配，妊娠期90～110天，通常每胎1～4仔。幼兽2年性成熟。寿命约20年。美洲豹是动物园中较受欢迎的猛兽。

雪豹

体长约1.3米，重约40千克；体型似豹，比豹略矮小，但体毛长而密，呈灰白色，遍体布满黑色斑点和黑环；尾长近1米，尾毛蓬松。栖息于海拔较高、寒冷的裸岩山地，除交配或哺乳时，平常独居。性凶猛而机警，嗅、听觉敏锐，动作灵活，善跳跃。白天隐匿在巢穴中，黄昏和夜晚出来捕食高山上的各种野羊，也猎取兔、旱獭、鼠类和高山鸟类。

食物缺少时，可盗食家畜。发情期在 1 ～ 3 月，妊娠期约 100 天，4 ～ 6 月产仔，每胎 2 ～ 3 仔。幼仔 3 个月后即随母兽练习捕猎，约 1 年后独立生活。寿命一般可超过 10 年。

雪豹

猎豹

陆上奔跑速度最快的动物，奔跑速度可达每小时 113 千米。体型比豹瘦长，一般在 120 ～ 130 厘米，体重约 30 千克；尾长约 76 厘米。四肢细长，趾爪锐如犬，较直，且不像

猎豹

猫科其他动物那样能全部伸缩；头部小而圆，被毛呈淡黄色夹黑斑。可以发出猫的声音，而不是吼声。它们主要栖息于开阔平原上的丛林或有树林的干燥地区。一般独居，只在交配季节可见到成对的，也有母豹带领 4 ～ 5 只幼豹的小群体。捕食斑羚、羚羊、鸵鸟等动物。繁殖期不定，妊娠期 90 天左右，每胎 2 ～ 5 仔。野生猎豹的平均寿命为 8 ～ 10 年，超过 12 年的极为罕见。

灵猫

体型较大细长，后足仅具 4 趾，四肢短，具腺囊，臼齿 2/2，上臼齿横生，其内叶较外缘狭。大灵猫身体大小似家犬，体长 60 ～ 80 厘米，最长可达 100 厘米；体重 6 ～ 10 千克；尾细长，37 ～ 47 厘米；吻长而尖；全身灰棕色，背中央有 1 条黑色长鬣毛形成的背中线；颈下有 3 条黑白相间的颈纹；四肢极短，呈暗褐色；尾上有 6 个黑白相间的尾环。雌雄性在会阴部均有发达的芳香腺囊分泌灵猫香，雄性的灵猫香产量比雌性多。大灵猫在活动中经常举尾把腺囊分泌的香擦抹在小树桩或石块棱角上，作为它所占据领域的标志。灵猫香是配制高级香精必不可少的

灵猫

定香剂。小灵猫身体小，仅及大灵猫之半，类似家猫；全身棕黄，遍体具棕黑色斑点，尾上亦有环。小灵猫亦具发达的芳香腺。灵猫类动物生活在热带、亚热带森林边缘，以岩洞和树洞为巢。它们具有夜行性，白天多卧伏在灌丛中休息，清晨和黄昏常到溪旁、村边或耕地觅食，捕食小鼠、小鸟、青蛙、鱼、蟹、昆虫，兼吃植物果实。大灵猫每年春天交配，妊娠期约 70 天，每胎产 2 ～ 4 仔。小灵猫在春季和秋季交配，夏末或冬初产仔。

花面狸

花面狸

体型似家猫而较大，四肢短，尾颇长，几乎等于体长；尾毛紧贴，尾型细，故又称牛尾狸；体背毛色棕灰，头部、四肢和尾尖呈棕黑色；自鼻端至额顶有一条显著白纹，眼下方和眼后各有一小白斑。花面狸广泛分布在亚洲南部各国。在中国可见于长江流域及以南各省区，最北可分布到北京和山西大同，是中国灵猫科动物分布最北的一种。它们栖息在热带、亚热带的山林、灌丛地区。居住在树洞或岩洞中。昼伏夜出，晨昏活动频繁。善攀缘，常在树冠活动。主要以各种带酸甜味的浆果为食，亦捕食小鸟、鸟卵、青蛙、小鼠、田螺、昆虫等。秋季能随各种果实的不同成熟期而择取树果。年初发情交配，妊娠期 70 ～ 90 天。每年春末夏初在树洞内产仔，每胎 1 ～ 5 仔。幼狸毛色灰，背部有模糊的黑纹，体侧具斑点。秋末可长到与成体近似。

鬣狗

体型颇似犬，具长颈，后肢较前肢短弱，躯体较短，肩高而臀低；颈后的背中线有长鬣毛；牙齿大，颌部粗而强，能咬开骨头。缟鬣狗体型较小，全身布满条纹。体长 1 米，尾长约 40 厘米。独自栖居，白天在洞穴或岩石洞中休息，夜晚出来活动觅食。不善追逐扑食，依靠发达的嗅觉觅食各种腐肉。棕鬣狗的体型较大，全身灰黑色，只在四肢上具有条纹。在非洲西南部海岸，常到海滩寻食螃蟹、鱼等。斑鬣狗仅见于非洲，体型较大，耳形圆，全身淡黄褐色，衬有棕黑

鬣狗

鬣狗

色的斑点或花纹，背上无鬣毛。成群活动，营猎食生活。性较凶狠，富进攻性。夜晚出来觅食，除寻觅腐肉外，能猎捕羚羊，甚至咬死家畜。

土狼

外形与鬣狗很相似，体长 55 ～ 80 厘米，肩部高而臀部低；从头后到臀部的背中线具有长鬣毛；全身棕色，但体侧和四肢均有棕褐色条纹；尾长 20 ～ 30 厘米，尾毛长而蓬松。土狼分布于非洲西海岸和南部。土狼门齿和犬齿与食肉兽相似，但前臼齿小而尖，只有 2 枚，不适于强力咀嚼肉类。除进食柔软的腐肉、鸟卵外，主要食物是白蚁。舌较长而发达，可舔食白蚁。晚上出来寻食。冬末产 3 ～ 4 仔，雌雄兽共同哺育。土狼在尾根下有一囊状腺体，分泌物用于标记领域。性懦弱，不攻击人。

偶蹄动物

河马

体长 4 米，肩高 1.5 米，体重约 3000 千克。躯体粗圆，四肢短，脚有 4 趾；头硕大，眼、耳较小，嘴特别大；尾较小；下犬齿巨大，长 50 ～ 60 厘米，重 2.5 千克；皮较厚，40 ～ 50 毫米；除吻部、尾、耳有稀疏的毛外，全身皮肤裸露，呈紫褐色。它们分布于非洲，生活在热带的水草丰茂地区，常由十余只组成群体，有时也能结成上百只的大群。单独的河马多是群中被逐出的成年雄兽。白天几乎全在水中，

食水草，日食量100千克以上。水草缺少时，便在夜间上岸觅食植物或农作物。性温顺，惧冷喜暖。善游泳，可沿着河底潜行5～10分钟。在交配季节，雄性间时有争斗。妊娠期约8个月，每胎1仔，初生的幼仔重达50千克。哺乳期1年，4～5岁性成熟，寿命30～40年。以前河马分布曾遍及非洲，包括北非的一些河流，由于自然条件的变更

倭河马

和人类的猎杀，在许多地区已经绝迹，现分布于非洲赤道附近以及南非、东非一带。河马因食大量水草而有利于疏通河道。排粪于水，可提高鱼的产量。河马也是著名观赏动物。另一种倭河马，体短小，仅重200千克左右，体长1.5米，高0.8米。它们分布在西非利比里亚和塞拉利昂的密林沼泽、溪流中，单独或成对活动，数量稀少，较河马更为珍贵。

羊驼

体型颇似高大的绵羊；颈长而粗；头较小，耳直立；体背平直，尾部翘起，四肢细长；被毛长达60～80厘米，呈浅灰、棕黄、黑褐等不同色型；雄性略大于雌性。羊驼是一种半野生动物，栖息于海拔4000米的高原。每群十余只或数十只，由一只健壮的雄驼率领。羊驼以高山棘刺植物为食。发情季节争夺配偶十分激烈，每群中仅容一只成年雄驼存在。妊娠期8个月，每胎1仔。春夏两季皆能繁殖。

羊驼

骆驼

躯短肢长，前躯较后躯发达，背短腰长。单峰驼头较小，额部隆凸，脸部长，鼻梁凹下，额顶无鬃毛，鬣毛短而宽，长至颈上缘之中部为止。被毛多为灰白色或沙灰色。一般体高 185 ～ 200 厘米，体重 700 千克以上。双峰驼躯干较宽长，脸部短，嘴较尖，颈较短而稍凹，被毛有黄色、杏黄色、紫红色、棕色、褐色、黑褐色等。毛长而厚密，御寒力强。一般体高 168 ～ 180 厘米，体重 500 ～ 700 千克。单峰驼野生种早已消失，双峰驼野生种也已稀少，均为中国一级保护动物。

骆驼

骆驼适应荒漠环境的特性之一是极耐干渴，这与其下列生理特性有关：血液里含有蓄水能力很强的高浓缩蛋白质；细胞对低渗溶液的抗力大，能吸收储存大量水分；皮下微血管壁厚，管腔狭窄，脱水时可减少血管内水分的丧失；白天体温增高以储存热量，夜晚时热量逐渐散发，到清晨体温才达到正常，因而可节省用于散热的水分。此外，尿液浓缩，大便干燥，很少热性喘息，也都有利于减少热量散失和节约水分。骆驼饮水速度奇快，几分钟内可摄入相当其体重 1/4 以上的水。

骆驼体躯高大，四肢细长，蹄具两趾（第三、四趾），宽大如盘，善行走，特适于沙漠上行走，有助于觅食稀疏植被；颈长灵活且呈“乙”字形大弯曲，可摘食 2 米高的枝叶；上唇分裂，伸展成锥形，启动灵敏，便于采食矮草嫩叶。此外，骆驼还能辨识路途，嗅知 10 千米外的水源。

饲养骆驼终年放牧。冬春宿营地应选择牧草丰富、避风向阳的低凹干燥处所；夏秋抓膘蓄脂，应选择地势高、干燥凉爽、接近水源、牧草茂盛的草场。3 月开始产羔，2 ～ 3 岁时穿鼻，3 岁开始调教，3 ～ 5 岁去势。每年 2 ～ 3 月剪取长毛，3 ～ 6 月随脱毛而收取被毛。

母驼初配年龄为 4 ～ 5 岁，公驼为 5 ～ 6 岁，繁殖年限均在 20 年以上。性活动有季节性。交配后 32 ～ 48 小时排卵。公驼进入发情季节时口吐白沫，喉中有“吭吭”声音，

枕腺分泌物增多，有特殊气味，一时变得消瘦而凶猛。发情时母驼主动接近公驼进行交配。妊娠期平均 13 个月左右。一般 2 年产 1 羔，饲养管理较好时可 3 年产 2 羔。

骆驼一般可日行 60 ～ 80 千米，驮重 150 ～ 200 千克时日行 30 ～ 40 千米。短期不给饮食亦不误行。单峰驼的步速较双峰驼快。双峰驼平均年产毛为 5 千克左右，绒毛比例为 80%，绒长 7 ～ 8 厘米，细度 17 ～ 19 微米，弹性良好。

白唇鹿

体型大小与水鹿、马鹿相似。头骨泪窝大而深。成年雄鹿角的直线长可达 1 米，有 4 ～ 6 个分叉，雌性无角。蹄较宽大。通体呈黄褐色，臀斑淡棕色，没有黑色背线和白斑。栖息在海拔 3500 ～ 5000 米的高寒灌丛或草原上。白天常隐于林缘或其他灌木丛中，也攀登流石滩和裸岩峭壁，善于爬山奔跑。白唇鹿喜欢集群生活，主要采食禾本科、蓼科、景天科植物，并有食盐的习性。发情交配多在 9 ～ 11 月份，雄性间有激烈的争偶格斗，妊娠期 220 ～ 230 天，每胎 1 仔，幼鹿身上有白斑。

白唇鹿

马鹿

大型鹿类。成年雄性个体的体长可超过 2 米，体重 200 ～ 250 千克；雌性个体明显小于雄性，体长约 1.6 米，体重为雄性个体的 60% 左右。雄性有角，一般分 6 个叉，最多 8 个叉，茸角的第二叉紧靠于眉叉。夏毛短，通体呈赤褐色；冬毛灰棕色。马鹿川西亚种背纹黑色，臀部有大面积的黄白色斑，几乎盖整个臀部，与马鹿其他亚种不同，故又称白臀鹿。马鹿生活于高山森林或草原地区，喜欢群居。夏季多在夜间和清晨活动，冬季多在白天活动。善于奔跑和游泳。以各种草、树叶、嫩枝、树皮和果实等为食，喜舔食盐碱。9 ～ 10 月发情交配，妊娠期 8 ～ 8.5 个月，每胎 1 仔，偶见 2 仔。

梅花鹿

体型中等，体长约 150 厘米，肩高 80 ～ 110 厘米；鼻端裸出而呈裂缝状；雄鹿具角，每年 4 ～ 5 月脱盘长茸，其

梅花鹿

角一般到4叉为止，眉叉斜向下伸，第二叉与眉叉相距甚远；冬毛栗棕色，白色斑点不显，尾下部、鼠蹊部为白色，腹毛淡棕，夏毛红棕色，有的为暗灰褐色，背中线黑色，有的区域至尾基部黑色线变细，尾上部黑色，下部白色。喜栖于混交林，山地草原和森林边缘，一般不进入密林。冬季多在阳坡低凹背风处，春秋则在空旷少树地区活动。夏季喜阴凉，多在阴坡开阔透风的地方，有时为了避免蚊蝇叮咬也到高山草原活动。性机警，晨昏结群。主要以青草、嫩芽、树叶、沙参及蕈类为食。每年8～11月交配，妊娠期8个月，4～6月为产子盛期，每胎1仔。

麋鹿

因其头似马、角似鹿、尾似驴、蹄似牛，故又称“四不像”。体长约170～190厘米，体重180～200千克。仅雄鹿

有角，颈和背比较粗壮，四肢粗大。主蹄宽大能分开，趾间有皮腱膜，侧蹄发达，适宜在沼泽地行走。夏毛红棕色，冬毛灰棕色；初生幼仔毛色橘红，并有白斑。由化石资料推测，麋鹿原产于中国东部湿润的平原、盆地，北起辽宁，南到海南，西自山西、湖南，东抵东海都有分布。为草食动物，取食多种禾草、苔草及鲜嫩树叶。喜群居，发情期一雄多雌，通常 7 月份开始交配，妊娠期 270 ～ 300 天，每胎产 1 仔，很少有 2 仔。初生幼仔毛色橘黄，有白斑。18 世纪中国野生麋鹿种群已经灭绝，仅在北京南苑养着专供皇家狩猎的鹿群，后被八国联军洗劫一空，盗运国外。自 1985 年中国分批从国外引回麋鹿，饲养于北京南苑和江苏大丰。在江苏大丰散放并建立麋鹿自然保护区，为麋鹿在自然界恢复野生种群开展保护管理和科学研究工作。

长颈鹿

体型最高的动物，站立时由脚至头可达 6 ～ 8 米，体重约 700 千克，刚出生的幼仔就有 1.5 米高。颜色花纹因产地而异，有斑点型、网纹型、星状型、参差不齐型和污点型。头的额部宽，吻部较尖，耳大竖立，头顶有一对骨质短角，角外包覆皮肤和茸毛；颈特别长（约 2 米），颈背有一行鬃毛；体较短；四肢高而强健，前肢略长于后肢，蹄阔大；尾短小，尾端为黑色簇毛。分布于非洲。

它们栖息于热带草原或靠近草原的森林边缘。平时结成 7 ～ 8 只的小群，有时也集成数十只的大群活动，经常与斑马、羚羊、鸵鸟等动物混群。白天四处漫游，边取食边瞭望，行动谨慎，善于奔跑。皮坚厚，可穿行荆棘林中。以树叶为食。平时很少鸣叫。妊娠期约 450 天，每胎 1 仔。寿命 20 ～ 30 年。由于体态优雅、花纹美丽，成为受人们欢迎的观赏动物。

狍

体型略大于麂类，体重 25 ～ 40 千克。围绕肛部有一巨大的白色或浅柠檬的色斑，两性均无明显的尾，仅雄性具有几乎分为三枝等长的角，主枝短于头骨。冬季尾呈均一的灰白色至浅棕色，喉部有不定型的白斑，夏毛棕黄色至深棕色。耳背黑色，耳内侧白色或赭黄。幼狍有 3 纵行白斑点，当体重达 11 千克左右时即消失。狍栖息在疏林带，多在河谷及缓坡上活动（海拔一般不超过 2400 米），不喜进入密林。

狍

由母狍及其后代构成家族群，一般 3 ～ 5 只。晨昏活动，以草、蕈、浆果为食。雄狍仲夏才入群。一雄一雌，8 ～ 9 月交配。在繁殖期，雄狍追着雌狍转圈跑，地面出现“花环”状足迹。妊娠期 9 个月。临产前，母狍驱散幼狍，进入密林分娩，多为双胞胎，少数为 1 胎和 3 胎。若每胎产 2 仔，则出生地点相距 10 ～ 20 米，分别哺乳。出生 10 日后，母狍带领初生幼狍归群。狍受惊时吠叫。在野生环境中，寿命 10 ～ 12 年，最长可达 17 年。每年 11 ～ 12 月角脱落，2 ～ 3 月生茸，4 ～ 5 月角长成。

牛

野牛体躯高大（体高 1.8 ～ 2.1 米），性野，毛色单一，多为黑色或白色，乳房小，产乳量低。驯化后的普通牛体型比野牛小（体高在 1.7 米以下），性情温驯，毛色多样，乳房变大，产乳量和其他经济性能都大大提高。

牛

依不同牛种（属）而异。其共同点为牙齿 32 枚，其中下门齿 8 枚，上颚无门齿，只有齿垫。上下臼齿 24 枚，无犬齿。胃分

瘤胃、网胃、瓣胃和皱胃 4 室，以瘤胃最大，反刍。蹄分两半。鼻镜光滑湿润，如出现干燥，即为患病的征兆。单胎，双胎率仅占 1%～2%。除高寒地区的牦牛属季节性发情外，舍饲的牛一般均为常年多次发情，四季均可配种。发情周期基本上平均 21 天左右。

牛属中的 4 个牛种可相互杂交，其中有的牛种杂交后代（如瘤牛 × 普通牛）公、母牛均有生殖能力；有的牛种杂交后代（如牦牛 × 普通牛，野牛 × 普通牛）母牛能生殖，公牛则不育。水牛属中的水牛种相互间也可杂交产生后代，但与牛属中的牛种杂交均不能受孕。根据这些特性，通过种间杂交创造新品种或利用其杂交种优势，已受到育种工作者的广泛重视。

山羊

不同品种的体格大小相差悬殊，大的体高 1 米，重 100 余千克；小的高仅 40 厘米，重 20 千克。外形共同特征为：毛粗直，头狭长，角三棱形呈镰刀状弯曲，颌下有长须，颈上多有二肉髯，尾短上翘。公羊有膻味，发情季节尤为明显。嘴尖牙利，口唇薄，能啃食短草和灌木，喜食带苦味的嫩枝和树叶，嗅觉灵敏，对食物先嗅而后采食，好饮流水。善攀登陡坡和悬崖，机灵活泼，比绵羊易于调教。家山羊易退化为野山羊。

山羊

山羊的性成熟比绵羊早，初配年龄因品种和地区而异，一般早熟品种为 6 ～ 8 月龄，晚熟品种 18 月龄左右，母山羊有鸣叫、摆尾等明显的发情征状。发情持续期 1 ～ 2 天，发情周期 18 ～ 20 天。大多数品种在秋、冬发情配种。但有些品种，特别是分布在低纬度地区的能常年发情，两年三产或一年两产。妊娠期 146 ～ 150 天。产羔率一般在 200％左右，初产母羊多产单羔，第二胎后则常产双羔或三羔。

山羊已从放牧饲养逐渐转为在牧区以放牧与舍饲相结合；在农区以舍饲为主，大量的农作物秸秆是山羊粗饲料的主要来源。种公羊、妊娠后期和哺乳的母羊酌量补饲精料。耐热，但畏寒风和冷雨，须注意防寒避雨。不作种用的公羔生后半个月左右去势。

马

野马体长 220 ～ 280 厘米，肩高 110 ～ 140 厘米，重 200 ～ 300 千克；颈部鬣毛竖立而不下垂。额毛极短或阙如，尾部长毛约从根部 1/3 处长出，四肢无距毛；夏季上体浅棕、红棕、红赭色，冬季皮背面淡棕色。野马栖于荒漠和荒漠草原，常在丘陵山地和多水草的地带活动，结成 5 ～ 15 头的小群。6 月交配，翌年 4 ～ 5 月分娩，4 岁性成熟。家马的体型依品种而异。重型品种体重达 1200 千克，体高 200 厘米；小型品种体重不到 200 千克，体高 95 厘米；袖珍矮马高仅 60

厘米。四肢长，骨骼坚实，肌腱和韧带发育良好，蹄质坚硬，能迅速奔驰。毛色多样，以骝、栗、青和黑色居多；被毛春、秋季各脱换一次。汗腺发达，有利于调节体温，不畏严寒酷暑。胸廓深广，心肺发达，适于奔跑和剧烈劳动。单胃，大肠特别是盲肠异常发达，有助于消化吸收粗饲料。牙齿咀嚼力强，根据牙齿的数量、形状及磨损程度可判定年龄。神经系统发达，听觉和嗅觉敏锐。感光力强，在夜间也能看到周围的物体。通过听、嗅和视等，能形成牢固的记忆，故有“老马识途”之说。妊娠期11个月，每胎1仔，偶有2仔。3岁性成熟，5岁成年，平均寿命30～35岁，最长可达60余岁。使役年龄3～15岁，有的可达20岁。

麝

体长70～80厘米，后肢明显长于前肢；雌雄头上均无角；雄性具有终生生长的上犬齿，呈獠牙状突出口外，为争斗的武器；四肢趾端的蹄窄而尖，侧蹄特别长；全身褐色，密被波形中空的硬毛，只有头部和四肢被软毛。林麝体型小，成体色深、呈黑褐色，没有斑点。原麝体型较林麝大，成麝上体有肉桂色斑点，颈下纹明显。马麝是麝属动物中体型最大的一种，全身沙黄褐色。黑麝与林麝体型相当，其毛色为麝属动物中最深暗的一种，全体均为黑色或黑褐色。中国麝类资源丰富，原麝分布于东北、华北及大别山地区；马麝见

麝

于青藏高原及邻近各省；林麝数量多，长江流域及以南各省区均有分布；黑麝仅分布于云南高黎贡山、西藏察隅等地；喜马拉雅山麝在国内则仅见于喜马拉雅山脉南坡。麝栖居于山林。多在拂晓或黄昏后活动，听觉、嗅觉均发达。白昼静卧灌丛下或僻静阴暗处。食量小，吃菊科、蔷薇科植物的嫩枝叶，以及地衣、苔藓等，特别喜食松或杉树上的松萝。营独居生活，颇警觉。行动敏捷，善攀登悬崖，常居高以避敌害。喜跳跃，能平地起跳至 2 米的高度。雄麝利用发达的尾腺将分泌物涂抹在树桩、岩石上标记领域。

麝在领域内活动常循一定路线，卧处和便溺处均有固定场所。栖息在某一领域的麝不肯轻易离开，即使被迫逃走，也往往重返故地。夏末上高山避暑，每年垂直性迁徙约两个月，然后重返旧巢。冬季发情交配，妊娠期半年，夏初产仔，每胎 1 ～ 2 仔。

灵长动物

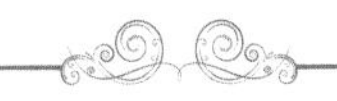

长鼻猴

加里曼丹岛特有灵长动物。尾长，树栖。红褐色，腹部灰白。雄性的鼻长而悬垂，雌性的较小，幼体的鼻朝上翘。成年雄性头体长73～76厘米，尾长66～67厘米，体重22～24千克；成年雌性头体长61～64厘米，尾长55～62厘米，体重10千克左右。约20只成一群，昼行性，食植物。妊娠期约166天，全年都能生育，每胎1仔，幼仔脸部蓝色。因其栖息地受破坏，数量正在减少。

长鼻猴

长臂猿

因臂特别长而得名。体长 42 ～ 89 厘米，无尾，体重 4 ～ 15 千克。直立高不超过 0.9 米；腿短，手掌比脚掌长，手指关节也长；身体纤细，肩宽而臀部窄；有较长的犬齿。臀部有胼胝，无尾和颊囊。不同性别、年龄的毛色有很大变异。雄猿一般为黑、棕或褐色；雌猿或幼猿色浅，为棕黄、

长臂猿

金黄、乳白或银灰色。白掌长臂猿的手和脚及脸周围为白色；白眉长臂猿的眉脊有白色的眉毛；黑长臂猿有的亚种冠毛直立，有的两颊具白斑。

长臂猿栖息于热带雨林和亚热带季雨林，树栖。白天活动。善于利用双臂交替摆动，手指弯曲呈钩，轻握树枝将身体抛出，腾空悠荡前进，速度很快。在地面或在悬空的藤蔓上行走时，双臂上举以保持平衡。结群生活，通常一个家庭由 1 只成年雄性，1 ～ 2 只成年雌性及它们的后代组成。子女性成熟后，就离群独自谋生。每群占有一定领域，其他群不得侵入。食物以水果为主，也吃树叶、花和小鸟或昆虫等动物性食物。喉部有音囊，善鸣叫，不同种类的叫声差别很大。每日清晨从喉部音囊发出响亮的声音。鸣叫的声音因种而异，鸣叫时大多由一只带头，群体共呼应，过数分钟停止。妊娠期 7 个月左右，每胎产 1 仔。

长尾猴

身体细长，体态优美，四肢长，四足行走，脸短，体长 30 ～ 65 厘米，尾比体长，但不能卷缠。毛厚而软，许多种沿毛干有两种颜色的纹带相互交替，造成杂色斑驳的效果，极为美观。长尾猴体色通常为浅灰色、微红色、褐色、绿色和黄色等，但均具白色或淡色的醒目斑点。长尾猴是森林树栖动物。家族是基本的群居单位。几个家族在白天可以混群，夜晚各自分开，回到自己喜爱的睡觉区域。有时长尾猴与其他猴类混在一起。吃树叶、果实和植物其他部分，也可能吃昆虫或其他小动物。有几种，如黑长尾猴、勒斯特氏长尾猴（又称乌干达长尾猴）以及青猴（又称冠猴、温顺长尾猴）会毁坏庄稼。长尾猴似乎全年都能生育，妊娠期 5 ～ 6 个月，每胎产 1 仔。有很多种可被驯养。生命力强，活泼，脾气好，会向观众做鬼脸，故为最好的动物园猴类之一。在精心饲养下，寿命可超过 20 ～ 30 年。黑长尾猴、白尾长尾猴和绿猴在地面活动，有时统称为稀树草原猴。栖息在热带草原及其附近，毛色浅绿，腹部淡黄色或白色，脸部黑色。白尾长尾猴有一条浅白色眉带一直伸展至朝后倾斜的白色颊须中，尾端有一簇白毛。黑长尾猴的颊须较短，掌、脚和尾尖均黑。绿猴具黄色颊须，浅灰色的掌、脚以及黄色、黑色的尾。几种长尾猴鼻上有几片色彩对比鲜明的短毛。

大猩猩

体型最大的灵长类，站立时高 1.3 ～ 1.8 米。雄性比雌性体大；雄性体重 140 ～ 275 千克，雌性 70 ～ 120 千克。前肢比后肢长，两臂左右平伸可达 2 ～ 2.75 米。无尾，吻短，眼小，鼻孔大。犬齿特别发达，齿式与人类相同。体毛粗硬、灰黑色，毛基黑褐色。成年雄性腰背部为银白色，臀部灰色。老年雄性的背部变为银灰色，胸部无毛。

大猩猩分布于赤道非洲。栖息于热带林区，结群，每群3～21只，甚至多至40只。每晚利用不食用的植物在地上筑一个简单的巢睡觉，有时雌性大猩猩和幼仔睡在树上。主要在地面活动，上树是为看路、觅食或睡觉。能发出大声咆哮，在发怒或威胁挑战时，双手捶打胸部，这只是一种虚张声势的恐吓行为。群与群之间很少发生厮杀。食量很大，每天觅食6～8小时，主要吃植物嫩芽、茎、叶、花、根、果，以及少量动物性食物。妊娠期237～285天，每胎产1仔，寿命40～50年。

狒狒

体长 50 ～ 110 厘米，尾长 32 ～ 84 厘米，体重 11 ～ 38 千克；头部粗长，吻部突出，耳小，眉弓突出，眼深陷，犬齿长而尖，具颊囊；体型粗壮，四肢等长，短而粗，适应于地面活动；臀部有色彩鲜艳的胼胝；毛黄、黄褐、绿褐至褐色，一般尾部毛色较深；毛粗糙，颜面部和耳上生有短毛，雄性的颜面周围、颈部、肩部有长毛，雌性则较短。

狒狒栖息于热带雨林、稀树草原、半荒漠草原和高原山地，更喜生活于较开阔多岩石的低山丘陵、平原或峡谷峭壁中。主要在地面活动，也爬到树上睡觉或寻找食物。善游泳。

叫声很大。白天活动，夜间栖于大树枝或岩洞中。食物包括蛴螬、昆虫、蝎子、鸟蛋、小型脊椎动物及植物。通常中午饮水。结群生活，每群十几只至百余只，也有两三百只的大群；群体由老年健壮的雄性率领，内有专门瞭望者负责警告敌害的来临。退却时，首先是雌性和幼体，雄性在后面保护，发出威吓的吼叫声，甚至反击；因力大且勇猛，能给来犯者造成威胁。主要天敌是豹。无固定繁殖季节，5 ～ 6 月为高峰，妊娠期 165 ～ 193 天，每胎产 1 仔。野生寿命约 20 年。

蜂猴

身体粗胖、四肢粗短，体型较大，体重 1.0 ～ 1.5 千克，体长 205 ～ 350 毫米，颅全长大于 62 毫米。尾极短，约 22 毫米，隐于毛被中。面圆、眼大。耳小，外耳壳不显。拇指和食指不甚发达，除后足第二趾具爪外，其余各趾（指）均具扁平指甲，拇指和其他指可相对握达 180°。全身被以浓密的短毛。鼻端圆而突出，肉棕色，裸露无毛。吻鼻周围白色，微具短绒毛。头面和颈部灰白色，眼圈特大，黑褐色，几乎占面盘的大部，唯眼间形成一纵向白色细纹，至眉部渐向后外侧展开。耳周淡棕褐色。面侧、耳前、枕、颈和体背主要为白色。眼圈边缘、耳周和耳背棕褐色，眼上叉纹不显。体背和腰部毛端灰白色，从枕部到体背至腰臀部沿背中线有一深色脊纹。枕、颈的脊纹窄，棕黄色；肩背部脊纹粗宽，棕

蜂猴

黑色或棕黄色，至腰臀部渐趋消失。前肢上部和后肢褐棕色，前肢肘部、手背、后肢足背和下体均为灰白色或灰黄色。头骨呈长椭圆形，吻短。眼眶宽大，向后上方倾斜。眶上嵴和颞颥嵴均较发达，在额顶部形成一个大而明显的菱形框。脑颅大而隆凸。颧骨突和眶上突愈合形成封闭的眼眶。两侧颞颥嵴向后在顶骨部靠近但分离，不形成矢状嵴。人字嵴不显，翼窝孔较宽，腭突明显，听泡低平，腭板后缘接近M2后缘。下颌骨短而高，下颌前臼齿齿根基部有两个小孔。上门齿楔状，略呈三角形。下门齿狭长呈扁针形，下犬齿门齿化，与下门齿平齐紧密排列成梳状。典型的东南亚热带动物。

蜂猴主要栖于东南亚热带雨林、季雨林和南亚热带季风常绿阔叶林，栖息地海拔一般在1200米以下。常在原始林中比较高大的树上活动，偶尔亦见于次生林和人工芭蕉林。树栖，夜行性，昼伏夜出。白天多卷缩成团在乔木树洞、枝叶繁茂的树冠或浓密的枝条的树杈上休息。多攀爬式行走，行动缓慢。除繁殖期配对交配外一般单独活动。多以热带鲜嫩的浆果、花、叶和昆虫为食，也取食鸟卵、蜂蛹、蜂蜜及小型蜥蜴等。成年雄性具很强的领域性，用尿液标记领地。比较温顺，容易人工驯养，在人工饲养时，喜食芭蕉、香蕉、面包虫等。

恒河猴

体长 51 ～ 60 厘米，尾长 20 ～ 32 厘米，体重 3 ～ 6 千克。体毛棕色，面部和臀部红色，腹侧淡棕色，头顶的毛发短。四肢基本等长，行动灵活。

恒河猴栖息于干旱落叶林、落叶混交林、温带针阔混合林、热带森林和湿地，分布范围从海平面至海拔 3000 米的地区，水是其分布的限制因素。恒河猴在整个灵长类中是适应性最强的种类之一。集群生活，社群结构为多雄多雌，一般每群 30 ～ 50 只，大群可达 200 只。取食水果、种子、树叶、树胶、芽、草、根、树皮等，以及小型无脊椎动物。由于原始栖息地被破坏，还取食农作物。妊

恒河猴

娠期约136天，通常每胎产1仔。雌性鲜艳的红色臀部性皮肤显示其发情期。

节尾猴

因尾基部有2～3个浅棕色环得名。体型略大于松鼠，体长约20厘米，尾比身体长，为27厘米左右，体重400～540克；头圆，吻部略突出，耳大而圆，且为膜质无毛；全身的毛光滑柔软且密，黑色闪亮，头、颈至肩的毛较长，臀部的毛亦长可遮盖尾的基部，尾毛蓬松；前肢略短于

后肢，除大脚趾上为扁平趾甲外，其余指、趾均具爪状指（趾）甲。

它是一种稀有的小型猴类。生活于亚马孙河上游海拔185 ～ 615 米的热带雨林中，在树的中层成群活动，每群20 ～ 30 只。白天行动敏捷。主要吃果实、叶子、昆虫、鸟蛋或小型脊椎动物。妊娠期 150 ～ 165 天，每胎产 1 仔。

金丝猴

中国特产动物。因全身被金黄色长毛得名；又因鼻骨极度退化而形成上仰的鼻孔，故又称仰鼻猴。吻部突出，脸部皮肤蓝色。头圆耳短。体长 50 ～ 83 厘米，尾长 51 ～ 104 厘米，雄性体重 15 ～ 20 千克，雌猴较小，体重 8 ～ 10 千克。雄猴犬齿发达，牙齿 32 枚。体型魁梧，四肢粗壮，是猴类中体型较大的类型。金丝猴中川金丝猴毛色最艳丽，成年雄猴头顶上有褐色直立的冠状毛，两耳丛毛乳黄色，眉骨处生有稀疏的黑色长毛；两颊棕红，体背的绒毛为黑褐色，从颈后至臀部披有金黄色长毛，最长可达 60 厘米；金黄色长毛亦出现在上肢的外侧，远远望去酷

金丝猴

似披着一件金色斗篷。另外，还有分布在贵州梵净山的黔金丝猴、云南西北与西藏接壤处的滇金丝猴以及分布在越南北部的越南金丝猴等。

金丝猴多数时间树栖，适于生活在湿冷的环境，不畏严寒而惧酷暑，出没于海拔 2000 ～ 3600 米的树林。集群生活，每群数十只至数百只。主要吃树叶、嫩枝、花果、树皮、树根、树衣及松萝，亦食昆虫和鸟蛋。妊娠期 180 ～ 210 天，通常每胎产 1 仔，偶产 2 仔。

猕猴

躯体粗壮，体长 51 ～ 60 厘米，体重 3 ～ 6 千克；尾长 20 ～ 32 厘米；有颊囊；体毛大部分为一种颜色，或黑，或褐，或灰棕色，腹侧毛色较淡；头顶毛发有的很短，形似平顶。有的较长，从头顶中央分别倒向两边，或者从头顶中央呈放射状旋向四周，也有的形成孤立的一块，像一顶小帽。四肢几乎等长。

猕猴

栖息于热带雨林和亚热带季雨林，也有的生活于温带的针阔叶混交林。树栖、地栖或居住在多岩石地区。取食植物的花、果、叶、芽和树皮、草根等，亦食昆虫和甲壳类，喜食小鸟和鸟蛋。集群生活，每群 10 ～ 70 只，由 1 只或几只成年雄猴率领。猕猴群体中存在严格的等级序位。5 岁左右性成熟，妊娠期约 6 个月，北方种类 4 ～ 5 月产仔，在热带地区全年繁殖。每胎 1 仔。白天活动，夜晚蹲坐在大树横枝上、岩壁上或石洞中睡觉。日本猴是现生非人灵长类动物分布纬度最北的种。分布于中国的有猕猴、熊猴、豚尾猴、短尾猴、藏猕猴和台湾猴，其中台湾猴是中国特有种。

狨

体型似松鼠或略大，体长 30 ～ 70 厘米，尾长 15 ～ 42 厘米，体重 70 ～ 1000 克；头、脸的模样似哈巴狗或狮子头，有的具白色长须；头圆，耳大而裸露或仅有稀疏的毛；体被毛，丝绒状，色泽多样；尾长，末端多具长毛；仅大脚趾具扁甲，其余各指、趾均为爪状的尖爪；后肢比前肢长，牙齿 32 枚。

狨栖于树冠上层，很少到地面活动。吃植物的果实、嫩叶、嫩芽等植物性食物，也食昆虫、蜘蛛、蛙、小蜥蜴、鸟卵等动物性食物，有些种类用手收集到食物后，并不直接送到嘴里，而是用嘴去捡食。视觉敏锐，听、嗅觉次之。白天活动，夜晚睡在树洞里。以家族形式结成 3 ～ 20 只群体。好动，性机警。休息时，肚皮贴在树干上，有时以手的尖爪刺进树皮以支撑身体。双亲共同哺育幼子，交换着背或抱。妊娠期 130 ～ 160 天，通常每胎产 2 仔。哺乳期 42 ～ 84 天。

黑白狨

棉顶狨

狮面狨

银狨

黑猩猩

体长 70 ～ 92.5 厘米，站立时高 1 ～ 1.7 米，雄性体重 56 ～ 86 千克，雌性 45 ～ 68 千克。身体被毛较短，黑色，通常黑猩猩未成年个体和倭黑猩猩臀部有一白斑，面部灰褐色或灰黑色，手和脚灰色并覆以稀疏黑毛。幼黑猩猩的鼻、耳、手和脚均为肉色。耳朵大，向两旁突出，眼窝深凹，眉骨高，头顶毛发向后。手长 24 厘米。犬齿发达，齿式与人类相同。无尾。

栖息于热带雨林的黑猩猩，集群生活，每群 2 ～ 20 只，多可达到百余只，由一只成年雄性率领。食量很大，每天要用 5 ～ 6 个小时觅食，吃水果、树叶、根茎、花、种子和树皮，有些个体经常吃昆虫、鸟蛋或捕捉小羚羊、小狒狒和猴子，雄性获得的猎物允许群内成员共享。善于将草秆捅进白蚁穴内，待白蚁爬满后抽出，抿进嘴里吃掉。在树上建造简单的巢，只用一夜即转移他处。较大猩猩更近于树栖，也能用略弯曲的下肢在地面行走。倭黑猩猩的行为与黑猩猩有许多不同，尤其是性行为非常独特，是除人类以外，唯一进行正面交配的灵长类。有一定活动范围，面积 22 ～ 78 公顷，觅食区域往往是它们集中的地点。群与群间有往来。长久保持母子关系，分群后还常回群探母。有午休习性。妊娠期 240 天，每胎 1 仔，哺乳期 1 ～ 2 年，有的可达 5 年，性成熟

约14岁。寿命40～53年。

能辨别不同颜色和发出30余种不同意义的叫声。能使用简单工具，是已知仅次于人类的最聪慧的动物之一，其生理、高级神经活动、亲缘关系和行为都最接近人类，所以在人类学研究上有重大意义。

猩猩

在灵长类动物中，体型仅次于大猩猩，雄性比雌性大，雄性体长0.97～1.25米，雌性0.78～0.86米；雄性体重75～100千克，雌性37～80千克；两臂很长，张开宽达2.3～2.4米，站立时双臂下垂可达脚踝部；腿短，且不如臂粗壮；体毛稀疏，暗红褐色，肩和背部有20余厘米长毛；前额突出，嘴突出，唇薄，眼、耳、鼻均小，眼间距较窄；成年雄性的脸侧具有叶状的厚肉垫，在肉叶下面有一气囊，它与喉部相连，充气后鼓起很大，发声时起共鸣作用；有的颏下有胡子；手脚窄长，臂和手粗壮有力，手长约28厘

猩猩

米，脚长约32厘米；犬齿发达，牙齿32枚，齿式与人类同。猩猩无尾。

栖息于热带雨林，雄性单独生活，雌性单独生活或与小猩猩在一起。白天活动，大部分时间用于觅食，吃果实、嫩芽、树叶树皮、花和动物性食物，包括鸟蛋、幼鸟、甲壳类、小型哺乳动物和白蚁等。活动不如猴类迅速敏捷，以手脚交替抓握树枝移动身体。能在地面直立行走，但要靠拳指支撑，腰不能直立。臂力强大，除虎、豹外，无其他天敌。每晚在距地面8～12米的树杈上用树枝架窝，上面覆以树叶，夜晚睡在树上。平时性温驯，发怒时很可怕。雨天使用大树叶遮盖身体或建造掩蔽处躲雨。妊娠期8～9个月，每胎产1仔，寿命25～58年。

眼镜猴

体型较小，头体长9～13厘米，尾长约是头体长的2倍，体重57～153克；颜面圆形，吻短；眼睛几乎占据了整个面部，其直径约有1.7厘米，与猫头鹰眼相似；鼻区有少量短毛；耳朵也很大，适于夜间活动；头可以向后转180°，身体不动就能

眼镜猴

看到背后；前臂和后肢很长，在指、趾端有像树蛙一样的圆球形软垫，第 2、3 趾端为钩形爪，其余各指、趾端是扁平的指（趾）甲；牙齿 34 枚；雌性具双角子宫，胸腹各有 1 对乳头；体毛短，绒厚，黄褐色略发灰，腹侧色淡。

栖息于各种生境，包括原始森林、次生林以及人类耕作或利用的生境，垂直分布可由海平面到 1500 米。夜间活动。主要吃昆虫、蜘蛛、蜥蜴等小动物，也吃果实。在树枝间跳跃可达 1.2 ～ 1.7 米，向上跳高达 0.6 米，跳跃的姿势像蛙。天敌是猫头鹰。群体大小因种而异，部分种类营独栖生活，其他种类由 1 只成年雄性、1 只或多只成年雌性及其后代共同生活在同一个夜宿地。妊娠期为 157 ～ 193 天，每胎产 1 仔。

眼镜猴

有学者认为眼镜猴与原猴类存在许多差别，应属于猿猴类；也有学者认为第三纪原猴与眼镜猴有共同的直接祖先，或者把眼镜猴视为从原猴类向猿类进化的过渡类型；还有学者认为它们是高度特化的种类；观点不一。但据血清分析，眼镜猴与猴类的关系比与原猴类的关系更近。

叶猴

尾很长，适于树栖；体型纤细，无颊囊。体长40～78厘米，尾长59～101厘米，体重5～20千克；分布于亚洲东南部。长尾叶猴个体最大，雄性体重可达20千克，雌性16千克左右。各种叶猴的毛色基本是通体一致，有黑、褐、灰三色，腹侧色浅。有些种眉弓处的毛黑而粗，有的种头顶有脊状毛冠，或在头顶、两颊、臀部有浅色块斑。头小而圆，耳大裸露。面部皮肤深灰或黑色，有的在唇部、眼圈具白色皮肤。臀部有胼胝。

叶猴

叶猴栖息在热带或亚热带的树林里，特别喜欢在高大的树上活动，有时也到地面饮水或寻找食物。在树间跳跃，距离可达10～12米。紫脸叶猴跳跃时速达37千米。白天活动，夜晚睡在大树上，没有窝。中国广西的黑叶猴，又称乌猿，冬季常在石灰岩洞中过夜，每天有相当长的时间在岩石上活动。长尾叶猴有季节性垂直迁移现象。结群生活，少则数只，多则数十只，由一只成年雄猴率领。中国云南南部的菲氏叶猴多结成70只左右的大群。叶猴多在清晨和傍晚觅食树叶、花及竹笋，亦食野果。生育期多在春季，妊娠期6个月，每胎产1仔。

婴猴

因大多数体型很小得名。模式种婴猴体长仅13～21厘米，其他种类体长不超过38厘米，尾长20～30厘米，体重150～300克。外貌似松鼠；眼大；耳大，为膜质，活动时直立，休息时能像扇子一样倒伏；被毛细软而密，无光泽，灰棕至褐色，腹面略浅淡；后肢比前肢长而粗壮，足很长，指、趾的末端有大软垫，适于在表面光滑的物体上爬行，具扁的指、趾甲；颈部非常灵活，能向后回转180°；胸腹部各有1对乳头。

婴猴

婴猴生活于热带雨林、稀树草原和灌丛草地中。树栖，夜间活动。行动敏捷，善于跳跃，一跃可达 3 ～ 5 米。白天在树枝或树洞中休息，有时亦住在废弃的鸟巢中。集小群取食植物的花果、种子、树胶，以及较大体型的动物性食物，如昆虫（特别喜食蝗虫）、蜗牛、树蛙等；较大型种类也吃蜥蜴和鸟蛋，甚至能捕捉飞鸟和鼠类。没有固定繁殖季节，但多在 10 月至翌年 2 月间产仔。妊娠期 121 ～ 142 天，每胎产 1 ～ 2 仔。

指猴

因指和趾长（中指特长）得名。体型像大老鼠，体长 30 ～ 38 厘米，尾长 44 ～ 51 厘米，体重 2 ～ 3 千克；体毛粗长，深褐至黑色，由短软的绒毛和粗长的护毛组成，脸和腹部毛基白色，颈部毛特长有白尖；尾长，尾毛蓬松浓密，形似扫帚，毛长达 10 厘米，黑或灰色；体纤细；头大吻钝；耳朵非常大，膜质，黑色；除大拇指和大脚趾是扁甲外，其他指、趾具尖

指猴

爪；四肢短，腿比臂长。牙齿结构像鼠，与啮齿动物一样门齿可以终生生长。

指猴栖息于热带雨林或干旱森林的大树枝或树干上，在树洞或树杈上筑球形巢。单独或成对生活，夜间活动。喜食昆虫、种子、水果、花蜜，也吃甘蔗、杧果、可可。取食时常用其特有的中指敲击树皮，判断有无空洞，然后贴耳细听，如有虫响，则利用特殊的牙齿啃咬树木将树皮咬一小洞，再用中指将虫钩出；吃浆果时也是用中指将水果抠一个洞，从中挖出果肉。妊娠期 160 ～ 170 天,2 ～ 3 月产仔，每胎 1 仔。

长鼻动物

象

象肩高约 2 米，体重 3 ～ 7 吨。头大，耳大如扇。四肢粗大如圆柱，支持巨大身体，膝关节不能自由伸曲。鼻长几

乎与体长相等，呈圆筒状，伸屈自如；鼻孔开口在末端，鼻尖部有指状突起，能捡拾细物。上颌具 1 对发达门齿，终生生长，非洲象门齿可长达 3.3 米，亚洲象雌性长牙不外露；上、下颌每侧均具 6 个颊齿，自前向后依次生长，具高齿冠，结构复杂。每足 5 趾，但第 1、第 5 趾发育不全。被毛稀疏，体色浅灰褐色。雌象妊娠期长达 600 多天，一般每胎 1 仔。非洲象长鼻末端有 2 个指状突起，亚洲象仅具 1 个；非洲象耳大、体型较大，亚洲象耳小、身体较小和较轻。象栖息于多种生境，尤喜丛林、草原和河谷地带。群居，雄兽偶有独栖。以植物为食，食量极大，每日食量 225 千克以上。寿命约 80 年。

剑齿象

已灭绝。这一类象的头骨比真象略长，腿也长，上颌的象牙既长且大，向上弯曲；下颌短，没有象牙；颊齿齿冠较低，断面呈屋脊形的齿脊数目逐渐增加；晚期进步的剑齿象，第三臼齿有 6 ～ 13 个齿脊。

最早的剑齿象出现于距今约 800 万年的中新世晚期，最晚可以生存到距今 1 万多年前的晚更新世。它的地理分布仅限于亚洲和非洲。中国的剑齿象化石非常多，种的数目也比较多。

猛犸象

已灭绝。体披长毛，一对长而粗壮的象牙强烈向上弯曲并向后旋卷。它的头骨短，顶脊非常高，上下颌和齿槽深。臼齿齿板排列紧密，数目很多，第三臼齿最多可以有30片齿板。

猛犸象曾是石器时代人类的重要狩猎对象，在欧洲的许多洞穴遗址的洞壁上，常常可以看到早期人类绘制它的图像，这种动物一直活到几千年以前，在阿拉斯加和西伯利亚的冻土和冰层里，曾多次发现这种动物冷冻的尸体。

猛犸象标本

啮齿动物

仓鼠

仓鼠臼齿齿冠具两纵行排列的齿尖，两颊有颊囊，可将食物暂存口内，搬运到洞内贮藏，故又称腮鼠、搬仓。多属中、小型鼠类，体型短粗，体长5～28厘米，体重30～1000克；眼小，耳壳显露毛外，除分布于中亚地区的小仓鼠外，其余种类均具颊囊；尾一般是体长的一半，少数种类（如沙漠小仓鼠）则很短，不及后足的一

仓鼠

半；毛色一般为灰色、灰褐或沙褐色，原仓鼠毛色比较鲜艳，背部红褐色，腹部黑，体侧前部有三块白色毛斑。

仓鼠广泛栖息于草原、农田、荒漠、山麓及河谷的灌丛，偶尔也进入房舍。洞穴有简单的临时洞，也有较复杂的越冬洞，内有“仓库”“厕所”和窝，夜间活动。仓鼠主要以植物种子为食，兼吃植物嫩茎和叶，偶尔也吃昆虫，不冬眠。冬季靠吃贮藏的食物生活。春末开始繁殖，年产 2 ～ 3 胎，每胎 5 ～ 12 仔。寿命约 2 年。中国常见的有大仓鼠、花背仓鼠、长尾仓鼠、灰仓鼠等。仓鼠多是农田害鼠。每一洞穴储粮可达几十千克，常使粮食作物受到很大损失。仓鼠又是许多疾病的传播者，给人畜带来危害。

鼢鼠

体型粗壮，体长 15 ～ 27 厘米；吻钝，门齿粗大；四肢短粗有力，前足爪特别发达，大于相应的指长，尤以第 3 趾最长，是挖掘洞道的有力工具；眼小，几乎隐于毛内，视觉差，故有“瞎老鼠”之称；耳壳仅是围绕耳孔的很小皮褶；尾短，略长于后足，被稀疏毛或裸露；毛色因地区而异，从灰色、灰褐色到红色。

鼢鼠为地下生活的鼠类。栖息于森林边缘、草原和农田，在中国青海地区还可栖于海拔 3900 米的高山草甸。昼夜均活动，但白天只限于地下，夜间偶尔到地面寻食。吃植物的根、茎和种子。鼢鼠有贮藏食物的习性。不冬眠。挖掘洞道速度惊人，洞穴构造复杂，长且多分支，总长度可达100余米。洞系内有“仓库”“厕所”等。洞口外有许多排列不规则的土堆，是洞道内挖出的松土堆成，土堆直径50～70厘米，间距1～3米。平时地面无明显的洞口，如洞道遭到破坏，立即用土堵塞洞口，这是它们防御敌害的一种本能。鼢鼠挖洞活动受气候影响显著。3～9月繁殖，年产2胎，每胎产1～8仔。中国北部常见的为中华鼢鼠。鼢鼠因贮食和挖掘复杂的洞系，是农牧业害兽之一。

海狸鼠

体型肥大，成体体长43～63.5厘米，体重5～10千克，大的重达17千克；头大，眼小，耳圆形；尾长约为体长的2/3，圆棍状，尾鳞裸露，仅有极少数粗尾毛；四肢短，后足5趾，趾间有蹼，游泳时用来划水；体被长毛，绒毛较厚，并有部分针毛；头和背部毛暗褐色，吻部苍白色，腹毛黄褐色。

海狸鼠

海狸鼠栖息于水生植物较多的溪流

和湖沼地带。善游泳，能潜水，多晨昏活动。喜食各种水草的幼芽、嫩枝叶和根茎，人工饲养中也食白菜、胡萝卜及野草等。全年繁殖，妊娠期130天左右，每年2胎，最多2年5胎，每胎6～14仔，幼鼠6～7个月达性成熟，一般可活5～8年。

旱獭

最大的体长近60厘米，体重3～7千克。具有一系列适于掘洞穴居的形态特征：体短身粗，无颈，四肢短粗，尾耳皆短，头骨粗壮，眶间部宽而低平，眶上突出，骨脊高起，身体各部肌腱发达有力。体毛短而粗，毛色有地区、季节和年龄变异。栖息于平原、山地的各种草原和高山草甸。集群穴居，挖掘能力甚强，洞道深而复杂，多挖在岩石坡和沟谷灌丛下。从洞中推出的大量沙石堆在洞口附近，形成旱獭丘。白天活动，食草，食量大。取食时，由较老个体坐立在旱獭丘上观望，遇危险即发出尖叫声报警，同类闻声迅速逃回洞中，长时间不再出洞。秋季体内积存大量脂肪，秋后闭洞处蛰眠状态，次年春季3～4

旱獭

月份出洞活动。出蛰后不久即交配繁殖，每年只生1胎，4～6仔。幼獭于第三年性成熟。

豪猪

豪猪

又称箭猪，为豪猪科的常见种（有时把豪猪科统称为豪猪、箭猪）。体型较大，体长55.8～73.5厘米，体重10～18千克。全身毛棕褐色、肩部向下整个颈部有条半圆形的白纹。头、四肢及腹部被硬毛。体背前部的棘刺短，向后逐渐变长，臀部棘刺长可达40余厘米，棘刺直径0.6厘米左右，中空，乳白色、中间一段为褐色。平时棘刺贴在身上，遇敌时棘刺竖起，转身以臀向敌，使敌无法接近，并能倒退以刺敌；棘刺易脱落，刺中后有时会留在天敌身上。尾短，仅有体长的15%～20%，平时隐于棘刺之间，尾端硬毛的末端具有膨大的铃形角质物。

豪猪

豪猪栖息于山坡、草地或密林中，它们洞居、夜间活动、并常有一定路线。豪猪走起路来棘刺相互摩擦有声，以植物根茎、竹笋和野果为食，最喜食瓜果、蔬菜、芭蕉苗和其他农作物。每年繁殖 1 次，每胎 4 仔。豪猪为中国南方山地农区的害兽之一。肉可食用。

河狸

体肥大，具较厚的脂肪层，身体被覆致密的绒毛，能耐寒，不怕冷水浸泡。四肢短粗，后肢粗壮有力，后足趾间直到爪生有全蹼，适于划水。尾甚大，上下扁平，并覆有角质鳞片，在游水时起舵的作用。眼小，耳孔也小，内有瓣膜，而且外耳能折起，以防水；鼻孔中也有防水灌入的肌肉结构。头骨扁平而坚实，颧弓发达，颧骨特别大，骨脊高起；共有 20 枚牙齿，门齿异常粗大，呈凿状，能咬粗大的树木，臼齿咀嚼面宽阔而具较深的齿沟，便于嚼碎较硬的食物。腹部的

河狸

腺体能分泌珍贵的香料——河狸香。

中国仅有河狸1种，体长70～80厘米，尾长20～30厘米，宽12厘米，成体体重15～30千克；体背毛由土黄棕到暗褐色，腹部毛色较浅；爪很发达，后足第2趾旁还生有一个搔痒趾，其端部能上下跷动。

河狸营半水栖生活，主要生活在泰加林和针阔混交林区的水域中。在中国新疆维吾尔自治区北部则栖居在山地草原和荒漠草原中水量较大、两岸生有杨柳树丛的小河两岸或沙洲上。夜间或晨昏活动，善游泳和潜水，能借助爪向上攀爬。主要以阔叶树的枝干、树皮以及芦苇等为食。能用树枝和芦苇营造高出水面的巢，并用树干和树枝做拦水堤坝，挖掘溢水沟，以防巢被洪水淹没。新疆维吾尔自治区北部的河狸营穴居生活，常在河边的树根下挖洞，既有水中洞口，也有地面洞口。早春发情交配，妊娠期103～108天，雌性每年产1窝，2～6仔，幼鼠3年后性成熟。

家鼠

因主要栖居在城镇、乡村，与人关系密切得名。大家鼠属种类的体型平均较大，体长8～30厘米；尾通常略长于体长，其上覆以稀疏毛，鳞环可见；体毛柔软，个别种类毛较硬；毛色变化大，背部为黑灰色、灰色、暗褐色、灰黄色或红褐色；腹部一般为灰色、灰白色或硫黄色；后足相对较长，善游泳的种类趾间有皱形蹼。小家鼠属种类的体型较小，一般为 6 ～ 9.5 厘米；上门齿内侧有缺刻。

家鼠

家鼠具有很强的适应性，在住房、仓库、船车等能隐蔽的地方均可生存下去。家鼠夜间活动，以动、植物为食，几乎全年可繁殖。大家鼠属各种的妊娠期 21 ～ 30 天，年产 3 ～ 10 胎，每胎产 2 ～ 16 仔。小家鼠属各种的妊娠期 18 ～ 21 天，年产 5 胎，每胎产 3 ～ 16 仔。

家鼠是世界性的害鼠，不仅盗食粮食，还咬坏家具等用品，甚至咬坏电线造成停电和火灾。

小鼠

与人类基因组有较高的相似性。已被广泛用于遗传学、心理学和医学等多学科的基础理论和应用性研究。具有繁殖率高，易于饲养和繁育等优势，是探索生命奥秘，解析人类疾病致病机制的常用动物模型。

在生物医学领域，英国医生 W. 哈维利用小鼠研究生殖和血液循环，英国博物学家 R. 胡克研究高压对生物生理的影响。18 世纪，英国学者 J. 普里斯特利和法国化学家 A. 拉瓦锡都曾利用老鼠来研究呼吸作用。19 世纪，奥地利生物学家 G.J. 孟德尔通过观察小鼠皮毛颜色，探究其是否可遗传，却被上级要求停止饲养，认为小鼠是“发臭的生物”。后来，他改为观察豌豆的颜色，证明了孟德尔遗传定律。他关于小鼠的研究结果发表在一本植物学杂志上，直到 20 世纪初才被重新发现。1902 年，法国生物学家 L. 屈埃诺利用小鼠证明了孟德尔遗传定律也适用于动物，随后该定律很快扩展到其他物种。20 世纪早期，美国学者 C.C. 利特尔开始研究小鼠遗传基因。随后，与美国教师 A. 莱斯罗普合作，迅速繁殖小鼠和大鼠，向啮齿动物爱好者和饲养员出售。他们一起合作并建立的 DBA 纯系小鼠，开启了近交品种新纪元。作为模式生物，小鼠已经被广泛使用，并为 20 世纪和 21 世纪的重要生物学理论研究做出了贡献。

雌鼠的第一次发情期出现在出生后 25 天左右，但是，小鼠的性成熟一般在出生后 50 天。小鼠是多次动情动物，自发排卵、全年发情。发情周期一般持续 4 ~ 5 天，每天持续约 12 小时，多发生在晚上。小鼠平均妊娠期 20 天。产后发情发生在分娩后 24 小时内，哺乳则会导致延迟着床，从而将妊娠期延长 3 ~ 10 天。如果雌鼠在产后没有交配，则在断奶后 2 ~ 5 天重新开始发情周期。

山河狸

因外形、习性与河狸有很多相似之处（如眼小、耳短、被毛短密而色暗，穴居水边，修排水渠，以及咬食树木枝杈等）得名。体长30～46厘米；全身被覆暗灰色或赤褐色短绒毛；尾甚短，仅端部稍露出毛被外；体胖，重约1千克；头短钝，多须，额部凸圆；腿短粗，前后肢5趾，爪狭长；适于挖土，前肢拇趾具蹄状爪，其他4趾都能握食物。在形态上仍保留着一些较原始的特征，如头骨上无眶后突，咀嚼肌中颞肌较强大等。

山河狸

山河狸生活于海拔2200米以下的森林和茂密灌丛下常年积水的洼地中。栖居地面有许多洞口和扇形土丘，洞口常用土封堵，地下有数米长的洞道通往地下巢、仓库和隐蔽处。昼间活动，不甚机敏，喜酣睡。遇危险时常身贴地面快跑，仰卧不动时伸出带利爪的四肢，准备迎敌。喜洗澡，常坐在后腿上，用两前肢撩水洗身体和胡须。善游泳和爬树，能从一个树枝摆到另一个树枝上去。冬季不蛰眠，多在雪下活动，偶尔也到雪地上来。山河狸有储存食物的习性。喜吃多汁的水生植物，也吃栎树的青嫩枝叶和松杉类的针叶，冬季有时也啃咬埋于雪下的树皮和细枝。

每年冬末或早春繁殖1次，妊娠期约1个月，一般产2～3仔，多达6仔。幼鼠10日后睁眼，于6月底出洞活动，2年后成熟。数量多时对林业有一定程度的危害，有时也偷食庄稼和危害河渠堤坝。

水豚

因体型似猪且水性好得名。躯体巨大，长 1 ～ 1.3 米，肩高 0.5 米左右，体重 27 ～ 50 千克；体背从红褐到暗灰色，腹黄褐色，面部、四肢外缘与臀部有黑毛。体粗笨，头大，颈短，尾短，耳小而圆，眼的位置较接近头顶部，鼻吻部异常膨大，末端粗钝。雄性成体的鼻吻部有一高起的裸露部位，内有肥大的脂肪腺体。上唇肥大，中裂为两瓣；前肢 4 趾，后肢 3 趾，呈放射状排列，趾间具半蹼，适于划水，趾端具近似蹄状的爪。水豚仅分布于美洲巴拿马运河以南地区。

水豚常栖息于植物繁茂的沼泽地中。多以家族集群，每群不超过 20 头。喜晨昏活动，但由于人类的猎杀，多转为夜间活动。不挖洞穴。主要以野生植物为食，有时混在家畜群中吃牧草，偶尔也吃水稻、甘蔗、各种瓜类或啃咬小树嫩皮。

水豚

常站在齐腰深的水中吃水生植物。性喜静，不爱戏耍。行动迟缓，但遇到危险则迅速跳进水中逃避。善游泳和潜水，游泳时仅鼻孔、眼、耳露出水面；在水下能潜游较远距离，或将鼻孔露出水面，长时间隐匿在水生植物中不动。

每年繁殖 1 次，妊娠期 100 ～ 120 天，产 2 ～ 8 仔，初生仔重约 1 千克。野生水豚寿命 8 ～ 10 年，人工饲养可活 12 年。主要天敌为美洲豹和鳄。

松鼠

狭义的松鼠为松鼠科中一种常见动物，体型细长，体长 20 ～ 28 厘米，尾长 15 ～ 24 厘米，体重 300 ～ 400 克。毛色有灰色（冬）、暗褐色（夏）型和蓝灰色（冬）、红棕色（夏）型。不冬眠。

松鼠

松鼠喜栖于寒温带或亚寒带的针叶林或阔叶混交林中，多在山坡、河谷两岸林中觅食。白天活动，清晨最为活跃，善于在树上攀爬和跳跃，行动敏捷。平时多 1 ～ 2 只活动，但在食物极端贫乏时，有结群迁移现象。在树上筑巢或利用树洞栖居，巢以树的干枝条及杂物构成，直径约 50 厘米。以坚硬的种子或针叶树的嫩叶、芽为食，也吃蘑菇、

松鼠

浆果等，有时吃昆虫的幼虫、蚂蚁卵等。松鼠有贮藏食物越冬的习性。每年春、秋季换毛。年产仔 2 ～ 4 次，一般在 4、6 月产仔较多，每胎产 4 ～ 6 仔。

跳鼠

体中、小型，体长 4 ～ 15 厘米；头大，眼大，吻短而阔，须长。毛色浅淡，多为沙土黄或沙灰色，无光泽，与栖息地的景色接近；后肢特长，为前肢长的 3 ～ 4 倍，后肢外侧 2 趾甚小或消失，落地时中间 3 趾的落点很接近，适于跳跃，一步可达 2 ～ 3 米或更远。有些跳鼠种类如三趾跳鼠、栉趾跳鼠等的后足掌外缘生有 1 ～ 2 列硬密的白色长毛，既可在跳跃时保持后足在松散土地上不致下陷，又可在挖洞时借以将土推出洞外。尾甚长，9.5 ～ 30 厘米，在跳跃时用以保持身体平衡，并能以甩尾的方法在跳跃中突然转弯，改变前进方向，以躲避天敌的捕捉。多数跳鼠尾端具扁平形的、由黑白两色毛组成的毛穗，跳跃时左右晃动，以迷惑敌人，

跳鼠

使之无法判断其准确落点。

跳鼠多在夜间及晨昏活动。夜间活动时，主要靠耳壳和听泡来接收和放大周围的微弱声响，以躲避天敌和辨别方向，因此耳壳和听泡都非常发达，耳长多在 1.5 厘米以上，最长可达 6 厘米。

跳鼠都有冬眠习性，在蛰伏期间以尾部积累的脂肪补充机体能量的消耗。主要吃植物，在夏季也捕食昆虫。跳鼠多每年 4 月开始发情交配，一般年产仔 2 窝，于 7 ～ 8 月间停止生育，但有些种类年产 3 窝，于 9 月结束繁殖，每胎产 1 ～ 6 仔，多数为 2 ～ 4 仔。

豚鼠

因肥笨且叫声似猪得名。豚鼠体型短圆，体长 20 ～ 25 厘米，体重 700 ～ 1200 克；头大，眼大而圆，耳圆；四肢短，前脚具 4 趾，后脚 3 趾；无外尾。人工培育许多品种，除安哥拉豚鼠被长毛外，体毛皆短，有光泽。豚鼠有黑、白、褐等单色的，也有具各色斑纹的。栖息于岩石坡、草地、林缘和沼泽。穴居，集成 5 ～ 10 只的小群，夜间寻食，主要吃植物的绿色部分。

豚鼠

第二章

『移动空间』——爬行动物

恐龙

禄丰龙

因模式标本发现于中国云南的禄丰而得名，也是在中国找到的第一个完整的恐龙化石。生存于距今约1.9亿年的早侏罗世。禄丰龙身体结构笨重，大小中等（6～7米长），兽脚型。头骨较小（相当尾部前三个半脊椎长），鼻孔呈三角形，眼前孔小而短高，眼眶大而圆，上颞颥孔靠头骨上部，侧视不见。下颌关节低于齿列面，上枕骨和顶骨间有一未骨化的中隙。牙齿小，不尖锐，单一式，牙冠微微扁平，前后缘皆具边缘锯齿。颈较长，脊椎粗壮，尾很长。颈椎10个，背椎14个，荐椎3个，尾椎45个。肩胛骨细长，胸骨发达，肠骨短，耻骨及坐骨均细弱。前肢相当于后肢长的二分之一。

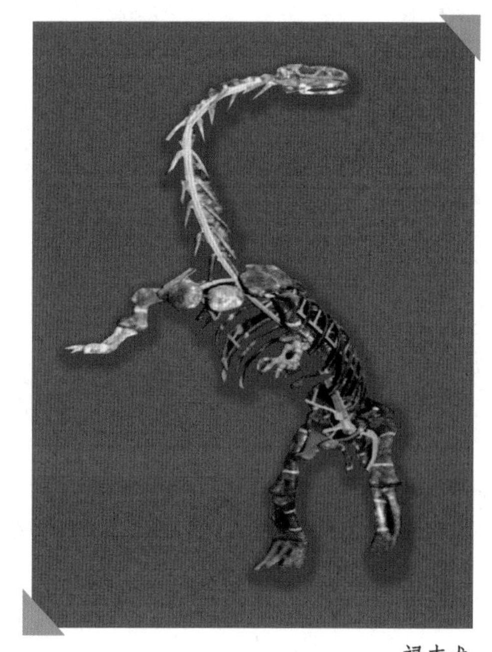

禄丰龙

禄丰龙是浅水区生活的恐龙，主要以植物叶或柔软藻类为生，多以两足方式行走，但在就食和在岸边休息时，前肢也落地并辅助后肢和吻部的活动。

马门溪龙

中国发现的最大的蜥脚类恐龙之一。因模式种发现于中国四川宜宾马门溪而得名。合川马门溪龙体长22米，体躯高将近4米，中加马门溪龙体长可达26米。它的颈特别长，相当于体长的一半，不仅构成颈的每一颈椎长，且颈椎数亦多达19个，是蜥脚类中最多的一种。各部位的脊椎椎体构造不同：颈椎为微弱后凹型，腰椎是明显后凹型，前部尾椎是前凹型，后尾椎是双平型，前部背椎神经棘顶端向两侧分叉，背椎的坑窝构造不发育，4个荐椎虽全部愈合，但最后一个神

经棘部分离开。肠骨粗壮，其耻骨突位于肠骨中央；坐骨纤细；胫腓骨扁平，胫骨近端粗壮，长度相等。距骨发育，其上面的胫腓骨关节窝很发育，故中央突起很高，跖骨短小，后肢的第 I 爪粗大，各趾骨的形状特殊。

马门溪龙在蜥脚类演化史上属中间过渡类型，为蜥脚类恐龙繁盛时期（距今 1.4 亿年的晚侏罗世）的早期种属，在侏罗纪末全部绝灭。

切齿龙

形态非常奇特。化石发现于中国辽宁西部早白垩世义县组下部的河流相地层中。从分类上与发现于辽西的尾羽龙具有很近的亲缘关系，推测也像尾羽龙一样长有羽毛。窃蛋龙类是一类常见于晚白垩世的小型兽脚类恐龙，最初研究者认为它们有偷食其他恐龙蛋的习性而得名。后来发现这类恐龙实际上并非在偷食恐龙蛋，而是像鸟类一样趴在蛋上孵卵。这类恐龙超特化，头骨短而高，没有牙齿，是兽脚类恐龙当中的异类。切齿龙是迄今为止发现的最原始的窃蛋龙类，它的许多特征不同于典型的窃蛋龙类，而更接近典型的兽脚类恐龙。

切齿龙个体很小，体长不超过 1 米；和典型的兽脚类恐龙一样头骨低，长着牙齿。窃蛋龙具有许多类似鸟类的特征，一些学者据此认为这类恐龙和鸟类关系很近，甚至就是鸟类，但切齿龙的发现表明这一观点是错误的。切齿龙并没有其他窃蛋龙类所具有的鸟类特征，这表明窃蛋龙类和鸟类的关系相对

切齿龙

较远，这些类似鸟类的特征是独立演化出来的。切齿龙最为奇特的地方在于它的牙齿形态。兽脚类恐龙一般被认为是肉食性动物，但切齿龙的牙齿形态和典型的吃植物的恐龙相似。它长着一对像老鼠一样的大“门齿”，表明这种恐龙可能会像老鼠一样啃食植物。在脊椎动物的演化历史当中，这一现象并不少见。

蜀龙

生活于侏罗纪中期。体长 12 米左右，高度可达 3 ～ 4 米。蜀龙是蜥脚类恐龙当中的小个子，生活在侏罗纪中期四川盆地的马门溪龙仅其脖子的长度就快要赶上蜀龙。头相对不大不小，牙齿呈勺状，颈较短，尾巴较长，最末端的 5 个尾椎愈合膨大形成尾锤。蜀龙的许多特征表明它是蜥脚类恐龙当中的原始种类，如它的脊椎气腔化程度很低，脖子远没有它的近亲峨眉龙和马门溪龙长。蜀龙在蜥脚类恐龙演化当中占据着很重要的位置。根据牙齿形态推测，这种恐龙可能以低矮树上的嫩枝嫩叶为食。蜀龙虽然身体笨重，行动缓慢，但它的“尾锤”是一个有力的武器。当猎食性恐龙向它发动攻击时，它会挥动这个骨质尾锤，将敌人吓跑。蜀龙的产地四川自贡的“大山铺”是世界上最重要的中侏罗世恐龙化石产地之一，在化石产地建立的自贡恐龙博物馆是世界三大恐龙遗址博物馆之一，是目前世界上收藏和展示侏罗纪恐龙化石最多的地方。

小盗龙

生活在距今1.1亿～1.2亿年的早白垩世。个体很小，是已知恐龙当中个体最小的恐龙。满嘴牙齿，但牙齿形态和典型的肉食性恐龙稍有差别，可能指示食性发生了变化；爪子尖锐弯曲，体短尾长。前肢形态相对始祖鸟而言更接近现代鸟类，发育一很大的胸骨和7对见于较进步鸟类中的钩状突，尾巴棍状，非常僵硬。和疾走龙具有很近的亲缘关系。它的发现为鸟类飞行起源研究提供了重要信息。尽管鸟类起源于恐龙的假说得到了大量化石证据和系统学工作的支持，但是鸟类最早是如何开始飞行的却是学术界长期以来争论不休的问题。小盗龙浑身披着羽毛，一些羽毛羽轴两侧的羽片不对称，这种结构一般被认为和飞行是相关的。最为奇特的是，这些恐龙不仅前肢羽化为翼，它们的后肢也羽化为翼。也就是说，这些恐龙有4个翅膀。这种形态还没有在任何其他脊椎动物当中发现。科学家们推测，恐龙的后肢翅膀可能是在飞行过程中起平衡作用，这对于早期飞行是非常重要的。小盗龙的发现表明鸟类的恐龙祖

小盗龙

先具4个翅膀，很可能具有滑翔能力，这一发现为鸟类飞行起源于树栖动物，经历了一个滑翔阶段的假说提供了关键性证据。

鸭嘴龙

生活在白垩纪后期的草食性恐龙。最大的有15米多长。鸭嘴龙的吻部由于前上颌骨和前齿骨的延伸和横向扩展，构成了宽阔的鸭状吻端，故名。所有鸭嘴龙的头骨皆显高，其枕部宽大，面部加长，前上颌骨和鼻骨也前后伸长，嘴部宽扁，外鼻孔斜长。特化的前上颌骨和鼻骨构成明显的嵴突，形成角状突起。下颌骨上的齿骨和上隅骨形成的冠状突很发育，后部反关节突显著。上下颌齿列复排，珐琅质只在牙齿一侧发育。颈椎15个，背椎13～15个，荐椎8～11个，尾椎较多。颈椎和背椎椎体为后凹型，尾椎侧扁，肠骨的前突平缓，后突宽大，耻骨前突扩展成桨状，棒状坐骨突几乎成垂直状态，有的个体的坐骨远端也扩大。前肢短于后肢，肱骨为股骨的一半长，桡骨与肱骨等长，前足的第二、三、四趾较

鸭嘴龙

第一、五趾发育，前足的各连接面粗糙。胫骨短于股骨，后足的第一指消失或仅有残迹，而第五趾完全消失，第三跖骨较长，后足已发育成鸟脚状。另外，前后足各趾皆有爪蹄状末趾。

鸭嘴龙主要以柔软植物、藻类或软体动物为食。一般是双足行走。前足各趾之间有蹼，以利水中运动。

在中国除山东外，内蒙古、宁夏、黑龙江、新疆、四川等地均曾发现不少鸭嘴龙化石。

中华鸟龙

带原始羽毛的恐龙。中华鸟龙大小与鸡相仿，有一个很大的典型的兽脚类恐龙的头骨，满嘴生有带小锯齿的尖锐牙齿，前肢非常短，尾巴却出奇地长。由于中华鸟龙体表有毛

状的原始羽毛，所以命名者最初将它归入鸟纲，但这一分类并没有骨骼形态学方面的依据。现在公认中华鸟龙属于兽脚类恐龙中的美颌龙科。美颌龙属于较为原始的一类虚骨龙，最初发现于欧洲的晚侏罗世地层中，后来在亚洲等地的早白垩世地层中也有发现。原始中华鸟龙的前掌和脊椎等形态类似于欧洲的美颌龙属，但另外一些特征则更加进步。从形态上看，原始中华鸟龙尚处在向鸟类演化的一个相对原始的进化水平，与鸟类差别很大，以系统学的角度看，从中华鸟龙这一进化水平的兽脚类恐龙到鸟类这一进化水平还需要一个漫长的过程，在它们之间包含许多进化环节，甚至包括身体庞大、极其凶恶的霸王龙。但在中华鸟龙的背部从头到尾具有毛状皮肤结构，代表一种原始的羽毛，这是类似结构在恐龙中的第一次发现，为鸟类羽毛起源这一长期悬而未决的问题的解决提供了重要信息，中华鸟龙因此而闻名世界。

肿头龙

小型恐龙。形态特化，突出特征是头顶肿厚呈盔状，其表面有粗壮纹饰，上颞颥孔封闭，眼前孔退化。前上颌骨有尖状齿。外翼骨与前耳骨相连，颧骨及方颧骨在方骨的关节面上强烈扩展。眶下区由方骨、翼骨和基蝶骨相连而成。单行齿列细弱，每列 16 ～ 20 颗牙齿，两侧皆具珐琅质的齿冠，有锯齿边缘构造。脊柱细弱，背椎有横突关节沟，具腹肋及前尾肋。肩胛骨细长，前肢短，肱骨为股骨的1/4，桡骨约为肱骨的1/2。低长的肠骨上缘发达，其前突狭窄，坐骨细长弯曲，股骨与胫骨等长，股骨第Ⅳ转节不下垂。第Ⅲ跖骨等于胫骨半长，后足的Ⅴ趾退化，每趾末端为爪。只含一科：肿头龙科，在亚洲发现最多，其生存时代为晚白垩世。

龟鳖动物

闭壳龟

又称呷蛇龟、壳蛇龟、亚洲箱龟。背甲隆起较高。从幼龟起，腹甲的胸、腹盾间就有一条清晰的韧带，形成可动的“铰链”。背腹甲之间也有韧带相连，因此腹甲的前后两叶能向上完全关闭甲壳，头、四肢和尾均可缩入壳中。

黄缘闭壳龟又称克蛇龟、夹板龟。旧称摄龟。可观赏。其背甲隆起较高，似半月形，脊部有一黄色棱起。甲长约

闭壳龟

16.3厘米，宽约12.3厘米，高约7.3厘米；体重可达400克以上，最重者达800克。头背光滑，黄橄榄色。眼黄，瞳孔黑。眼后有一金黄色纹直达枕部。背、腹甲棕黑或棕红色。每一盾片有一浅棕色斑。背甲腹缘与腹甲边缘黄色。尾长，两侧有肉质棘。陆栖。生活于森林边缘有稀疏灌木丛的山上或近水源的潮湿地带。夏季多夜间活动，白天潜伏在倒木、岩石、柴草或溪谷边的乱石堆里。善游泳，常在雨天外出，或去水里。杂食性，以昆虫、蚯蚓等为主，亦食果实。人工饲养可喂碎肉、瓜皮、青菜等。黄缘闭壳龟4～10月交配，5～9月为产卵季节。一年可产卵1次或多次，每次1～4枚。

鳖

学名中华鳖。俗称甲鱼、团鱼、水鱼。外形扁平，椭圆形，眼小，颈长，头与颈完全可缩入甲内，吻长，前端有鼻孔。上下颌为角质状喙。背面呈暗绿或黄褐色，腹面白里透黄。为变温动物。用肺呼吸，常浮到水面交换气体。性胆怯，栖于安静环境中。水温低于20℃时，有晒太阳的习性；超过35℃，喜藏于阴凉处；低于15℃时，就少进食或基本停食；

鳖

降至10℃时，完全停食，处于冬眠状态。野生鳖摄食动物性饵料，如蛙、虾、鱼等。不主动追食饵，而是在水底潜行时，遇食饵即伸颈张嘴吞入。体重50克以下的稚鳖生长较慢而难养。体重超过50克以后，养殖顺利。3～4龄时，生长最快。4龄性成熟。雄鳖尾长超出裙边，雌鳖不超出。4～5月交配，体内受精，进入输卵管的精子一直到第二年的5～8月仍保持受精能力。受精卵为多黄卵，无气室，在卵巢中发育。翌年5月中旬，水温升到28℃时产卵，产卵一直延续到8月，产卵2～5次。卵近圆形，直径1.5～2厘米，重3～5克。中国现在都采用自然产卵，人工孵育。孵化温度控制在33～34℃，相对湿度81%～82%，沙床含水量7%～8%，40～45天可孵出稚鳖。

长颈龟

体较小，一般甲长15～25厘米。体色变异较大，背部通常为棕色、暗棕色或黑色；腹部黄白色；背甲外缘与腹甲的鳞缝为黑色；眼虹膜鲜黄色。头小，头背平。颈长于脊柱其余部分，上面布满结节。颈可在肱前的背腹甲之间水平弯曲。鼻位于吻端，眼侧位。背甲后部宽圆而微尖。腹甲前部宽圆，后缘有深缺刻。喉间盾大，在喉盾之后、两肱盾之间，并将胸盾局部分隔。

长颈龟

长颈龟四肢具蹼，指、趾具4爪。生活于沼泽、湖泊或缓流江河的淡水中。初夏在岸边挖穴产卵，每产约12枚。卵长形，壳易碎。长颈龟以各种水生动物（如软体动物、甲壳动物、蝌蚪和小鱼）为食。白天活动，性温驯，人们喜欢驯养。

玳瑁

头部有前额鳞2对；吻侧扁，腭钩曲如鹰嘴。甲呈心形，盾片如覆瓦状排列，老年个体趋于镶嵌排列。椎盾5片；肋盾每侧4片；缘盾每侧11片，在体后部呈锯齿状；臀盾2片，中间有一缝隙，不相连。四肢桨状，前肢较长大，各具2爪；后肢较短小，

玳瑁

各具2爪。尾短小，通常不露出甲外。背甲红棕色，有淡黄色云状斑，具光泽；腹甲黄色。

玳瑁生活于海洋，以鱼、软体动物和海藻为食。每年7～9月在热带、亚热带海域的沙滩上掘坑产卵。卵白色，圆形，革质软壳，孵化期约3个月。

海龟

又称绿色龟，因脂肪呈绿色得名。上颌平出，下颌略向上钩曲，颚缘有锯齿状缺刻。前额鳞1对。背甲呈心形。盾片镶嵌排列。椎盾5片；肋盾每侧4片；缘盾每侧11片。四肢桨状。前肢长于后肢，内侧各具1爪。雄性尾长，达体长的1/2。海龟前肢的爪大而弯曲呈钩状。背甲橄榄色或棕褐色，杂以浅色斑纹；腹甲黄色。生活于近海上层。它以鱼类、头足纲动物、甲壳动物以及海藻等为食。每年4～10月为繁殖季节，常在礁盘附近水面交尾，需3～4小时。雌性在夜间爬到岸边沙滩上，先用前肢挖一深度与体高相当的大坑，伏于坑内，再以后肢交替挖一口径20厘米、深50厘米左右的“卵坑”，

海龟

在坑内产卵。产毕以砂覆盖，然后回到海中。每年产卵多次，每产 91 ～ 157 枚。卵呈白色且圆形，壳革质，韧软。孵化期 50 ～ 70 天。

花龟

体型中等。头较小，头背皮肤光滑，橄榄绿色；头腹、侧和颈的四周有多条黄色纵线纹。背甲橄榄棕色，沿隆起的棱有淡黄色斑。腹甲黄色，每块角盾有暗棕色斑。四肢亦具细浅黄色纹。幼体背上有 3 条不连续的钝棱，成体侧棱消失，脊棱明显。颈盾六角形，短边在前，脊盾 5 枚，窄长；肋盾 4 对；缘盾 11 对；臀盾 1 对，背、腹甲以骨缝相连。腋盾、胯盾大。腹甲与背甲几乎等长，前缘平切，后缘凹陷，内腹骨板为肱—胸线截切。指、趾间全蹼，具爪。尾中等长，末端尖细，幼体尾较长。生活在池塘和缓流的河中。草食性，取食水草。4 月间产卵，可产 3 枚。

花龟

黄喉拟水龟

此种龟头顶光滑无鳞，上颚略钩曲，中央凹缺；鼓膜明显，圆形。背甲具 3 纵棱，脊棱明显，两侧较圆钝。颈盾宽

黄喉拟水龟

短；椎盾5片；肋盾4对；缘盾每侧11片。腹甲几乎与背甲等长，后端凹缺。指、趾间全蹼，前肢5爪，后肢4爪。尾短而尖细。头、颈灰棕色，头侧自眼后至鼓膜处有一黄纵纹，喙缘和喉部呈黄色；背甲呈灰棕色，盾沟处具黑色边缘；腹甲呈灰黄色，每一盾片近外侧均有一大块黑色斑块。

黄喉拟水龟生活于江河、湖塘等水域中。此种龟以小鱼、水生昆虫及蠕虫等为食。因其为典型水栖龟类，背甲及角质化部分能着生基枝藻或刚毛藻等，藻类绿色，丝状分枝长30～70毫米。因在水中似身披绿毛，又称绿毛龟，是珍贵观赏动物。

锯缘摄龟

生活于山区灌木丛林。背甲具3条纵棱，脊棱圆钝，侧棱明显，侧棱间平坦。向缘盾明显下切，使龟壳断面呈梯形。背甲盾片略显覆瓦状排列。颈盾小而窄长；椎盾5片；肋盾4对；缘盾每侧11片，略向上翘，前缘盾略呈锯齿状，后缘盾和臀盾明显锯齿状。腹甲大而平，后缘缺刻深。胸与腹盾间、背与腹甲间皆以韧带相连，前半部可活动，能与背甲闭合。四肢均有覆瓦状扁平大鳞。指、趾间半蹼。尾短，在基部和股后有少数锥状鳞。头背灰褐色，杂有虫纹斑。眼后至鼓膜和颞部上方有一镶黑边的白窄纹。背甲棕褐色，腹甲呈黄褐色。

锯缘摄龟

棱皮龟

全长可超过 2 米，一般重 300 千克，最重可达 800 千克。棱皮龟体表皮肤革质，无角质盾片。头大，颈短，头骨颞区完整。腭缘锐利，上腭前端有两个三角形大齿突。脊椎骨和

棱皮龟

肋骨不与背壳愈合。无整块背甲，由许多细小多角形骨片排列成行，紧贴在表皮上。其中最大的骨片排列成7纵行，突出成7条纵棱。纵棱向后延伸并集中，末端呈尖形。腹部也有类似的纵棱5行。四肢桨状，无爪。前肢特别发达，长度为后肢的两倍左右，成体的后肢与尾之间有蹼相连。新生仔的头背和侧面有对称的鳞片。身体和四肢皆覆以不规则的多角形鳞。成体背暗褐色或灰黑色，具暗黄色或白色斑点。腹部灰白色。幼体背灰黑色。背上纵棱和四肢的边缘为淡黄色或白色。腹部白色，有黑斑。棱皮龟全年产卵，主要在5～6月。产卵时在近海沙滩挖穴，穴深约1米，每产90～150枚，经65～70天孵化。以刺胞动物、棘皮动物、软体动物、节肢动物以及鱼、海藻等为食。

缅甸陆龟

前额鳞1对，额鳞1片，大而常有裂痕，头背其余部分均覆有小鳞。上下颚缘呈锯齿状，上颚前端有3个尖齿状突起。背甲高隆，脊部较平；颈盾窄长；椎盾5片；肋盾4片，缘盾每侧11片，前后缘盾外侧略向上翘

缅甸陆龟

起；臀盾单片，较大，略向腹面弯曲。腹甲平。肛盾几呈三角形；三片肛盾形成深凹缺。四肢粗壮，柱状，沿外侧具覆瓦状排列的角质大鳞。前肢5爪；指、趾间无蹼。尾端有一角质鞘，雄性比雌性的长而弯曲。背、腹甲绿黄色，每一盾片均有不规则黑斑块。四肢暗黑色，具黑色斑点。此龟属陆栖，生活于山区灌木林丛，食植物幼苗等。5月开始交配，7～8月是交配旺季，于6、7、9、11月产卵，每次产卵5～10枚，1年产卵1～3次。

乌龟

乌龟头前段皮肤光滑，后段细鳞，鼓膜明显。椎盾5片；肋盾每侧5片；缘盾每侧11片；臀盾1对；肛盾后缘凹缺。背甲略平扁，有3条纵棱，雄性纵棱不显。四肢较平扁，趾、指间均全蹼，有爪。头、颈侧面有黄色纵纹；背甲棕褐色或黑色；腹甲棕黄色，每一盾片外侧下缘均有暗褐色斑块。雄性较小，背甲黑色，尾较长，有异臭；雌性较大，背甲棕褐色，尾较短，无异臭。

乌龟

乌龟生活于江河、湖沼或池塘中。

以蠕虫、螺类、虾、小鱼等为食，也食植物。繁殖期为每年4～10月，年产卵1～3次，每次产4～8枚。雌龟产卵前，爬到向阳有荫的岸边松软地上，用后肢掘穴产卵。卵长椭圆形，灰白色，在自然条件下50～80天孵出幼龟。幼龟当即下水，独立生活。

鼋

鼋

鼋一般背盘长26～72厘米，最大者达129厘米。头较小，吻较宽圆，吻突短。颈较长，背盘近圆形，无角质盾片，覆以柔软的皮肤。背暗绿色，具黄点，散生小疣。腹白至灰白色，成体腹部有4块发达的胼胝。四肢粗扁，指、趾具爪，蹼发达，前肢外缘和蹼均为白色。5～9月为繁殖期，卵分数次产出，一般每次产卵十几至数十枚，最多可达上百枚。广泛生活在江河、湖泊等淡水水域。